一吃就上癮！

\\ 美味秒殺 //

烤箱菜

100 道零油煙超省時料理！

人間美味是燒烤

人之初，天火遍地，於是人們學會了用火烤東西吃。儘管後來人類發明了煎、炒、烹、炸、蒸、燉、煲、煮，原始的基因依然渴望著燒烤帶來的血液沸騰。

我一年四季都可以吃燒烤。擁有第一台烤箱的時候，做的是烤魚、烤肉排、烤饅頭片和烤番薯，最後才學烤麵包。

烤箱料理比一般煎、煮、炒、炸的製作步驟簡單許多，把食材送進烤箱，用合適的溫度烘烤，剩下的只需靜靜等待，就像在伊甸園等待蘋果成熟一樣。

新鮮的烤玉米，嫩黃的玉米粒上帶一絲焦黃，瀰漫著醉人的香氣，什麼都不放的情況下，我至少可以吃兩根超大玉米。

不是很愛吃蔬菜的我，烤出來的蔬菜卻能吃得津津有味，比如烤韭菜、烤辣椒、烤茄子、烤蘑菇。最喜歡吃烤菜豆裡的豆子，綿綿軟軟的，帶著一點焦香。而且烤蔬菜超級簡單，只需抹點油，撒點椒鹽就好，就算是料理新手也能立即上手。

然後是肉類，兩串肥美的五花肉，半塊滋滋冒油的羊肋排（比純瘦羊肉好吃），再隨便來點烤大蝦、烤扇貝，開一瓶冰汽水（或者任何你愛的飲料），脂肪燃燒的香氣瀰漫開來，令人陶然欲醉。白天工作時爭強好勝的心，在這一剎那都雲淡風輕，哪怕這時仇人走過來，也可以一笑泯恩仇，一起大快朵頤。

在這樣的美食面前，我甚至變得格外溫柔，假如你遇到了我，我一定會請你吃我最愛的烤箱料理。

而假若我們並沒有相遇，那我就把這本書介紹給你吧！裡面都是我愛吃的、用烤箱做出的菜，你回家就能動手輕鬆做，來場美味的饗宴！

目錄
CONTENTS

計量單位對照表

1 小匙固體材料 =5 克
1 大匙固體材料 =15 克
1 小匙液體材料 =5 毫升
1 大匙液體材料 =15 毫升

Part 1
爽脆
烤蔬果

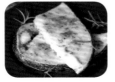

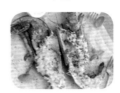

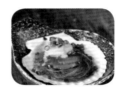

烤箱的選購要點

選購家用烤箱時，面對琳琅滿目的各種型號，往往會有一種眼花繚亂、不知道如何選擇的感覺，在此提供一些實用的建議，幫助你選擇符合自己需求的烤箱。

1 · 容積

市售烤箱從6公升至45公升以上不等。迷你烤箱適合加熱麵包、披薩等，但烹飪菜餚就顯得力有不及；而烤箱過大又會白白浪費許多電。建議普通家庭（3～5人）選購32公升～40公升容積的烤箱會比較合適。當然，如果是大家庭，或烘焙愛好者，經常製作麵包餅乾等點心，可以選擇更大的烤箱，或嵌入式烤箱。

2 · 功能

市售烤箱的功能與特色十分多元，按實用性歸納，依序為上下管獨立溫控、照明、易清洗內膽、加厚玻璃門、低溫發酵、熱風、旋轉烤叉，可以根據自己的預算來選擇，至於其他功能和特色並不是特別重要，根據自己的喜好購買即可。

3 · 其他選購原則

機械烤箱比電子烤箱更耐用，維修也方便。同等容積下，加熱管越多越好，升溫快、烤得快，食物受熱更均勻。
宜簡不宜繁，過於繁瑣的功能最後絕大部分都淪為毫無用處的擺設，所以選擇做工紮實、功能簡捷的烤箱更為實用。

必備工具

隔熱手套：
防止高溫燙傷。

隔熱墊（首選不鏽鋼和木製的）：
放置從烤箱取出的烤盤，以免造成桌面損壞。

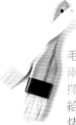

毛刷（矽膠、羊毛兩種材質可供選擇）：
給食物刷上油分，烤出來帶有光澤，不會乾巴巴。矽膠的易清洗，耐用；羊毛的則塗抹更均勻細膩。

烤盤：
一般烤箱都會贈送烤盤，烘烤食物時需包裹錫箔紙使用，方便清洗。如果自行選購不沾烤盤，則可略過此步驟。但要注意，清洗時一定要用柔軟的海綿，防止破壞塗層，且另行購買的烤盤因與烤箱大小無法完全吻合，一定要置於烤箱所附的烤網上使用。

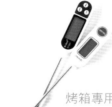

烤箱專用溫度計：
用來校準烤箱溫度，精確掌握箱內溫度。

錫箔紙：
用來包裹烤盤，方便清洗烤盤，也更加衛生。

烘焙紙／不沾布：
多用來烘烤不帶湯汁的食材（餅乾、菇蕈等），鋪在烤盤上使用，可防止食物沾黏。

披薩盤：
烤披薩必備，家用9吋的比較合適。

烤箱的使用
注意事項

第一次使用：

第一次使用烤箱前，應將所有配件取出（包括集屑盤），用清潔劑清洗乾淨，晾乾；再用柔軟的乾淨濕抹布將烤箱內壁與加熱管仔細擦拭兩遍，通風1小時後關上烤箱門，上下管都溫度開至最高，加熱10分鐘後關閉，使加熱管在生產過程中的附著物揮發掉即可。

其他注意事項

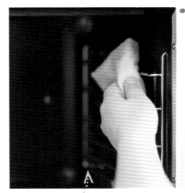

校準溫度：

不管哪個品牌的烤箱，都會有一定的溫度差，即指示溫度與烤箱內實際溫度有差異。所以在烘烤你的第一餐之前，一定要以烤箱專用溫度計來校準一下溫度。

操作方法為：將烤網置於烤箱中層，烤箱專用溫度計放於烤網中間位置，加熱烤箱至某溫度（例如180℃），觀察並記錄溫度計所指示的實際溫度。如果實際溫度為200℃，表示你的烤箱會比實際溫度高20℃。在操作時，將食譜標示溫度降低20℃即可。

清潔：

要及時：每次使用後都要認真清洗使用過的烤盤、烤網還有集屑盤，如果烤箱壁和加熱管也弄髒了，就要等待烤箱完全冷卻後，用乾淨的濕抹布仔細擦洗乾淨。油漬一旦經過反覆加熱就會變得非常頑固，難以清洗，所以一定要及時處理。

需浸泡：經過高溫烤過的食物油漬很難清洗乾淨，可以用熱水浸泡數小時後再清洗，能省不少力氣。

選工具：盡量不要使用鋼絲球，否則會破壞烤盤的塗層，產生難看的痕跡，甚至導致生鏽。如果汙漬太過頑固，可以廚房專用重油汙清潔劑噴上，靜待15分鐘再清洗。

定期擦：定期擦拭烤箱外壁以防灰塵進入烤箱內體，避免縮短使用壽命。

 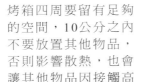

1. 烤箱上方不要覆蓋任何物品，否則會影響烤箱散熱。

2. 烤箱四周要留有足夠的空間，10公分之內不要放置其他物品，否則影響散熱，也會讓其他物品因接觸高溫而損毀。

3. 不要與其他電器共用一個插座，一般烤箱功率都在2000瓦以上，共用插座會導致電流負荷過重，引發安全事故。

常用調味料

花生油：
用來刷錫箔紙和食物，
防沾黏，並賦予食物光
澤，保持食物內部水分
不被烤乾。

橄欖油：
比花生油更加健康，但
味道稍濃重，請根據食
材特性選用。

喜馬拉雅粉紅鹽：
取自喜馬拉雅冰川中的
礦物鹽，晶體呈漂亮的
粉紅色，味道鮮美，純
淨健康。

現磨黑胡椒：
附有研磨器的瓶裝全粒
胡椒，使用時現磨，能
完整地保存黑胡椒的辛
香味。

孜然粉：
和羊肉最速配，與不少菇類搭配也能提味。可以自己買
整粒孜然，用烤箱150℃烘烤10分鐘，放涼後用料理機打
成孜然粉，比市售的現成孜然粉，味道要更香。

咖哩粉：
多種香料的混合物，具
有特殊的咖哩香氣，相
當百搭的一款香辛料。

五香粉：
五種香料的混合物，最
具中國傳統特色的香辛
料。

蜂蜜：
為食物增加甜味和光
澤，使食物更加鮮美可
口。

醬油：
有鹹鮮味，可以替代
鹽來調製各種燒烤汁
和醃汁。

乾燥香草：
披薩草、百里香、迷迭香、混合香草等，是西方常用的
烤肉或披薩的配料，能帶來原汁原味的歐美風味。

Easy Roasted
Vegetables

醬烤韭菜

一畦春韭綠，十里稻花香

🕐 烹飪時間　15分鐘
🔥 難易程度　簡單

● 特色 ●

俗語道：一月蔥，二月韭。初春的韭菜被稱為開春第一菜。每年的春天，一定不能錯過美味鮮嫩的韭菜。當吃膩了炒韭菜、韭菜餃子，不妨試著把它們和香濃的醬汁一起送進烤箱吧，這是韭菜最方便好吃的做法了！

營養說明

中醫認為韭菜「益陽」，但這並不是「壯陽」的意思。而是指韭菜富含礦物質元素鋅，對生長發育和生殖功能等均有重要作用。

TIPS

- 根據竹籤長短，可以一次串兩三個韭菜卷上去。
- 如果覺得串成韭菜卷太麻煩，也可以直接將韭菜理順，縱向擺放在烤盤內來操作。

● 主料 ●

韭菜	300克

● 配料 ●

鹽	1茶匙
食用油	2湯匙
豆瓣醬	3湯匙
醬油	1湯匙
去皮白芝麻	20克

1 韭菜挑去外層葉子，洗淨瀝乾水分。

2 燒開一鍋清水，加入1茶匙鹽。

3 將韭菜放入鍋中，燙軟後迅速撈出，瀝乾水分。

4 取3根韭菜理順，放在砧板上，從根部開始卷起呈棒棒糖狀，卷得緊實一些。

5 用手壓緊卷好的韭菜，取一根竹籤平穿過去。重複操作，直至串完所有韭菜。

6 烤箱預熱至180℃，烤盤包裹錫箔紙，刷1大匙食用油。

7 將豆瓣醬和醬油調勻成醬汁；把串好的韭菜整齊擺放在烤盤內，再刷上一層食用油。

8 用湯匙在韭菜卷的中心位置淋上調好的醬汁，撒上去皮白芝麻，放進烤箱中層，烘烤5分鐘即可。

鹽焗秋葵
好食材無須過多點綴

🕐 烹飪時間　20分鐘

🔥 難易程度　簡單

● 特色 ●

秋葵由於風味佳、烹飪簡易、健康養生，一經傳入中國就大受歡迎。廣泛種植後，價格也變得更加親民。做為一種味道百搭的食材，它可以採用的烹飪方法有很多，而鹽焗是最能突出它本味的方式。

營養說明

秋葵原產於非洲埃塞俄比亞及亞洲的熱帶地區，因長相酷似辣椒，又被稱為「洋辣椒」，可以增強人體免疫力、保護胃黏膜，對咽喉腫痛、小便淋瀝、糖尿病等有食療效果。

TIPS

出爐後單吃已經很好吃，當然也可以依據個人口味，撒一些孜然粉、五香粉、現磨黑胡椒等，或沾醬食用。

● 主料 ●

秋葵	20根

● 配料 ●

喜馬拉雅玫瑰鹽	適量
食用油	2大匙

1 秋葵洗淨，保留秋葵蒂不要剪掉，瀝乾水分。

2 烤箱預熱至180℃，烤盤包裹錫箔紙。

3 在烤盤上刷上薄薄一層食用油（1大匙量）。

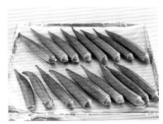

4 將秋葵整齊地擺放在烤盤內。

5 用小毛刷在秋葵上刷上剩餘的食用油。

6 撒上適量的喜馬拉雅粉紅鹽，送入烤箱中層，烘烤15分鐘即可。

五彩蒜蓉茄
好吃的茄子比肉香

🕐 烹飪時間　**40分鐘**
🔥 難易程度　**中等**

● 特色 ●

小說《紅樓夢》中劉姥姥進大觀園時，吃了一道茄鯗，異常美味，不敢相信是茄子製成的。可見茄子是一種非常奇妙的食材：只要調味適宜，它就能吸納精華，搖身一變，勝過肉香。這道菜雖然不像茄鯗那般複雜，但在各種香料調味料的搭配下，也能五彩繽紛，鮮香四溢。

● 主料 ●

紫皮長茄	1個

● 配料 ●

大蒜	1球
食用油	50克
香蔥	1小把
鹽	1小匙
白砂糖	1大匙
紅剁椒	1大匙
醬油	4小匙
豆瓣醬	1大匙
香菜（可略）	2根

營養說明

茄子味甘性寒，入脾胃大腸經，具有清熱、寬腸、活血化瘀、利尿消腫之功效。明代李時珍在《本草綱目》一書中記載：茄子治寒熱，五臟勞，治溫疾。

TIPS

為了保持茄子的完整形狀，不建議切去茄子蒂，但是該部位有細小扎手的毛刺，清洗和處理時要小心避開。

1 大蒜去皮洗淨，用壓蒜器壓成蒜蓉；香蔥去根洗淨，切成蔥花；香菜洗淨去根，切成香菜碎。

2 炒鍋燒熱，加入一半量的食用油，加入蒜蓉炒香。

3 加入鹽、白砂糖、醬油、剁椒、豆瓣醬，翻炒均勻，關火備用。

4 茄子洗淨，沿豎向剖成兩半（無需切去茄子蒂）；切面朝上，用小刀劃出邊長1公分甚至更小的方格狀紋路，注意盡量不要切斷。

5 烤箱預熱至180℃，烤盤包裹錫箔紙，刷上薄薄一層食用油。

6 將切好的茄子切面朝上擺放在烤盤內，將剩餘的食用油均勻地淋在茄子紋路間，剩餘一點點，用毛刷沾取，刷勻整個茄子的表面。

7 送入烤箱，烘烤10分鐘，取出烤盤，將炒好的蒜蓉醬堆在茄子上，撒上香蔥碎。

8 繼續放入烤箱，烘烤10～15分鐘（根據茄子大小而定），取出後依個人口味選擇是否撒香菜碎提味即可。

奶油玉米

呈現食材本身的純淨滋味

🕐 烹飪時間　30分鐘
🔥 難易程度　簡單

● 特色 ●

融化的奶油，順著玉米粒間的溝壑流淌，滲入玉米中，這兩者的搭配簡直是天作之合！那香濃的味道，隔著烤箱都能讓人口水直流。

營養說明

奶油是將新鮮牛奶用離心力分離之後所取得的油脂，富含胺基酸、維生素A和多種礦物質，可以為身體和骨骼的發育補充大量營養。

TIPS

• 推薦使用純動物成分的奶油，而不要使用人造奶油，這樣比較健康，口感也會更香濃。

• 如果不是玉米季，也可以購買超市冷凍包裝的凍鮮玉米來製作，提前解凍即可。

● 主料 ●

| 玉米 | 2根 |
| 奶油 | 50克 |

● 配料 ●

| 喜馬拉雅玫瑰鹽 | 適量 |

1 新鮮玉米剝去外皮，撕去玉米鬚，洗淨，用廚房紙巾吸乾多餘水分。

2 將玉米切成兩三段。

3 奶油放入微波爐可用容器中，中高火加熱1分鐘至奶油融化。

4 裁剪幾張錫箔紙（大小能包裹住每段玉米即可）。

5 烤箱預熱至190℃，將玉米放入錫箔紙中間，並將錫箔紙四周略微摺起。

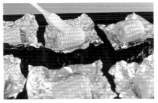

6 將融化的奶油均勻刷在玉米上，轉動一下玉米，使底部也刷滿奶油。

7 用錫箔紙將玉米包裹好，送入烤箱中層，烘烤20分鐘。

8 取出烤盤，小心打開錫箔紙，根據個人口味撒上適量的喜馬拉雅玫瑰鹽即可。

快手黑胡椒薯塊

健康低熱量的鹹味零嘴

🕐 烹飪時間　30分鐘

🔥 難易程度　簡單

● 特色 ●

薯條、薯塊大概是美食界中最讓人又愛又恨的傢伙了：真的好好吃，但是熱量超高啊！不過，有了這份食譜後就再也不用糾結了，只需要兩個馬鈴薯，一點點健康的橄欖油，不一會兒就能做出一盤好吃的薯塊，就算吃到打飽嗝也不擔心熱量超標！

營養說明

黑胡椒是人們最早使用的香料之一，原產於印度馬拉巴海岸，在古希臘和羅馬時代被視為珍貴的貢品，可以驅風邪、刺激胃液分泌、提振食慾。

TIPS

也可以不撒黑胡椒，直接將裹好油鹽的薯塊放進烤箱，出爐後沾番茄醬、美乃滋等醬料食用。

● 主料 ●

馬鈴薯（中等大小）	2個

● 配料 ●

橄欖油	2大匙
鹽	2小匙
現磨黑胡椒	適量

1 馬鈴薯洗淨，用廚房紙巾吸乾水分。

2 滾刀切成3～5公分的小塊。

3 取一個保鮮袋，放入切好的薯塊。

4 在保鮮袋內淋上2大匙橄欖油。

5 加入2茶匙鹽，紮緊袋口，使勁晃動，使薯塊均勻地裹滿油鹽。

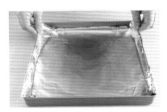

6 烤箱預熱至210℃，烤盤包裹錫箔紙。

7 將薯塊從保鮮袋中倒在烤盤上，平鋪均勻，撒上適量的黑胡椒。

8 送入烤箱中層，烘烤25分鐘即可。

擠花馬鈴薯

是餅乾還是馬鈴薯泥？

🕐 烹飪時間　**40分鐘**
🔥 難易程度　**中等**

● 特色 ●

馬鈴薯泥綿綿軟軟，又香又滑，人人都愛吃，但是每次都裝在小碗裡，覺得缺乏賣相和新意？用裱花袋把馬鈴薯泥變成擠花點心吧！不但更加有趣，還能帶來外酥內嫩的口感，保證讓家中的小朋友一塊接一塊，吃得開心又滿足！

● 主料 ●

馬鈴薯（大）	1個
牛奶	50毫升
奶油	30克

● 配料 ●

鹽	1/2小匙
黑胡椒粉	1/2小匙
食用油	1大匙

營養說明

牛奶是最古老的天然飲品之一，被譽為「白色血液」，含有豐富的脂肪和蛋白質，還富含鈣、磷、鐵、鋅、銅、硒等多種礦物質，是鈣的極佳來源，而且鈣磷比例適中，非常有利於人體對鈣的吸收。

TIPS

• 切好的馬鈴薯塊也可以放入小碗中，覆蓋上保鮮膜，戳幾個透氣小孔，用微波爐加熱3～5分鐘即可熟透。

• 馬鈴薯泥不可以調得過稀，否則烤出的曲奇花不易保持清晰的紋路。

1 馬鈴薯洗淨，去皮，切成小塊。

3 將熟透的土豆塊放入小盆中，壓成馬鈴薯泥，趁熱加入奶油攪拌。

5 加入鹽和黑胡椒粉調味。

7 將裱花袋套在高高的水杯上，袋口外翻；將馬鈴薯泥裝入裱花袋內。

2 放入小碗中，上鍋蒸約15分鐘，至馬鈴薯塊可輕易用筷子插入穿透。

4 在馬鈴薯泥中分次加入牛奶拌勻，直至調成柔軟但可成形的狀態。

6 準備1個大號裱花袋，將八齒裱花嘴放入袋中，比對位置後將裱花袋剪開小洞。

8 烤箱預熱至210℃；烤盤包裹錫箔紙，刷上1大匙食用油；將馬鈴薯泥整齊地在烤盤內擠成花朵狀，間距1公分左右。將烤盤放進烤箱中層，烘烤15分鐘，至曲奇表面略呈金黃色即可，烤好後趁熱盡快食用。

XO醬烤冬筍
山林孕育出的鮮甜

⏱ 烹飪時間　35分鐘
🔥 難易程度　簡單

● 特色 ●

冬筍素有「金衣白玉，蔬中一絕」的美譽。每年一、二月份，正是吃冬筍的好時節。一個個肥嫩的筍寶寶是大自然饋贈給人類不可多得的美味食材。搭配醬中第一鮮的XO醬，經簡單焗烤，能最大程度地保留冬筍的鮮嫩，令美味昇華。

營養說明

冬筍是立秋前後由毛竹的地下莖側芽發育而成的筍芽，含有豐富的蛋白質、維生素、礦物質及膳食纖維，能促進腸胃蠕動，預防便祕和結腸癌的發生。其所含的多糖類物質，具有一定的抗癌作用。值得注意的是，冬筍含有較多草酸，與鈣結合會形成草酸鈣，患尿道結石、腎炎的人不宜多吃。

TIPS

春筍也可以用來做這道菜，剝殼方法與冬筍一樣，先切根部，再縱向一刀切開筍殼。不過春筍鮮嫩沒有澀味，可以省去汆燙步驟，直接使用。

● 主料 ●

鮮冬筍	2個

● 配料 ●

鹽	1小匙
XO醬	3大匙
食用油	2大匙
醬油	1大匙
香蔥	1小把

1 將鮮冬筍洗淨，瀝乾水分，切去根部。

2 縱向切一刀，用刀挑開筍殼。

3 用手剝掉冬筍所有外皮，僅保留筍心。

4 將冬筍切成適口的薄片。

5 起鍋燒一鍋清水，加入1小匙鹽，將筍片放入鍋中汆燙至水滾後撈出，瀝乾水分。

6 將燙好的筍片放入盆中，淋上2大匙食用油，再將XO醬和醬油調勻，也倒在盆中，翻拌均勻。

7 烤箱預熱至180℃，烤盤包裹錫箔紙，將拌好的筍片倒入烤盤，送入烤箱中層烘烤15分鐘。

8 香蔥去根洗淨，切成蔥花，筍片出爐後撒上蔥花即可。

黑胡椒洋蔥圈

沒有肉一樣香噴噴

- 🕐 烹飪時間　30分鐘
- 🔥 難易程度　簡單

● 特色 ●

黑胡椒洋蔥與牛肉是
經典的西餐搭配。
這道菜雖然沒有加入
牛肉，但由於具有豐
富的層次感，也能帶
來噴香過癮的味覺感
受。把常見的油炸方
式改為烤箱烘烤，吃
起來更加健康。

營養說明

洋蔥含有前列腺素
A，能降低血管阻力
和血液黏稠度，可用
於降低血壓、提神醒
腦、緩解壓力。此
外，洋蔥還能清除體
內自由基，增強新陳
代謝能力，抗衰老，
預防骨質疏鬆，是非
常好的養生食材。

TIPS

剩餘的洋蔥可以切
碎拌沙拉食用，或
做成洋蔥炒蛋等料
理均可。

● 主料 ●		● 配料 ●			
洋蔥	1個	橄欖油	1大匙	地瓜粉	1小碗
		黑胡椒粉	2小匙	鹽	1/2大匙
		雞蛋	2顆	麵包粉	200克

1 洋蔥去皮去根，洗淨，用
廚房紙巾擦乾多餘水分。

2 將洋蔥切成寬1公分的洋
蔥圈，用手將洋蔥圈分開。

3 挑掉過小及過薄的洋蔥
圈，僅保留差不多大小、具
有一定厚度的部分。

4 雞蛋打入小碗中打散，加
入鹽和黑胡椒粉攪拌均勻調
味；烤盤包裹錫箔紙，刷上
薄薄一層橄欖油。

5 將洋蔥圈裹滿地瓜粉。

6 再將洋蔥圈浸沒在蛋液
中，用筷子夾出，放進麵包
粉中沾裹。

7 將裹滿麵包粉的洋蔥圈整
齊擺放在烤盤內。烤箱提前
10分鐘預熱至210℃，放入
烤箱中層烘烤10分鐘。

8 取出烤盤，將洋蔥圈翻
面，送回烤箱中上層，繼續
烘烤5～8分鐘即可。

白醬焗青花菜

香濃與清淡的完美融合

烹飪時間　40分鐘

難易程度　中等

● 特色 ●

翠綠清淡的青花菜，配上香濃潔淨的白
醬，醬汁滲入每一個細小的花蕾，看似素
淡的顏色，卻有著香濃無比的口感。

● 主料 ●

青花菜　　　　　1棵

● 配料 ●

鹽　　　　　　3小匙
奶油　　　　　20克
麵粉　　　　　20克
牛奶　　　　300毫升
現磨黑胡椒　　適量
肉豆蔻粉　　1/2小匙
乾燥迷迭香　　1小匙
莫札瑞拉起司　50克

營養說明

青花菜原產於地中海東部沿岸地區，富含葉酸、維生素C、胡蘿蔔素及鈣、磷、鐵、鉀、鋅等礦物質，營養成分位居同類蔬菜之首，被譽為「蔬菜皇冠」。

TIPS

如果條件允許，製作白醬的麵粉盡量選用低筋麵粉，並用動物鮮奶油來代替牛奶，製作出的白醬口感會更加順滑、香濃。

1 青花菜切掉粗梗，切分成適口的小塊，清水沖洗幾遍後瀝乾水分。

2 起鍋燒一鍋清水，加入1小匙鹽，將青花菜放入開水中汆燙1分鐘，撈出瀝乾水分。

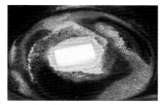

3 另起炒鍋，放入奶油，開小火使奶油融化。

4 分3次倒入麵粉，每次倒入後迅速翻炒均勻。

5 分3次倒入牛奶，每次倒入後都務必攪拌均勻，再倒下一次。

6 加2小匙鹽和適量現磨黑胡椒調味，如果家中有肉豆蔻粉和乾燥迷迭香（可省略），此時一併放入。煮至濃優格的稠度即成白醬，關火。

7 烤箱預熱至180℃；將燙好的青花菜放入烤箱專用的玻璃容器中，倒入白醬。

8 將莫札瑞拉起司切成小塊，撒在表面上，送入烤箱中層，烘烤20分鐘即可。

玉米彩椒圈

🕐 烹飪時間　25分鐘

🔥 難易程度　簡單

五彩繽紛最搶眼

● 特色 ●

甜椒、玉米、雞蛋，唾手可得的食材，經過巧妙地切擺烹製，就像魔術一樣，迅速變成一盤美食。無論是拿來哄孩子吃蔬菜，還是擺上餐桌招待客人，都能完美勝任。

營養說明

甜椒原產於中南美洲熱帶地區，經長期栽培馴化，果實增大，果肉變厚，辣味消失，含有豐富的營養，能增強體力，緩解疲勞，特有的味道和所含的辣椒素有刺激消化液分泌的作用，可增進食慾，幫助消化。此外，蘊含豐富的維生素C還可防治壞血病，對牙齦出血、貧血、血管脆弱有輔助食療作用。

● 主料 ●

青椒	半個
黃甜椒	半個
紅甜椒	半個
冷凍玉米粒	200克
雞蛋	2個

● 配料 ●

橄欖油	1大匙
鹽	1小匙
玉米粉	1小匙
現磨黑胡椒	適量

1 將三色椒洗淨，用廚房紙巾吸乾水分。

2 從蒂部邊緣往裡推，取下椒蒂。

3 掏出椒子粒，切去尾部1公分棄用，每種甜椒切下4個1公分厚的椒圈。

4 烤盤包裹錫箔紙，刷上一層橄欖油。

TIPS

錫箔紙一定要鋪平整，椒圈要切得整齊，蛋液才不會從椒圈底部漏出。也可以單獨用小張錫箔紙包裹每個椒圈，如此蛋液就不會流出來了。

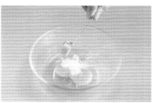

5 椒圈擺放在烤盤上；雞蛋打散，加鹽和玉米粉打勻。

6 玉米粒洗去冰屑，瀝乾水分，均勻堆放在椒圈內。

7 烤箱預熱至180℃；將步驟5調好的蛋液均勻分在每個椒圈內。

8 撒上適量的現磨黑胡椒，放入烤箱中層，烘烤15分鐘即可。

起司蘆筍

小清新遇上重口味

⏱ 烹飪時間　**25分鐘**
🔥 難易程度　**簡單**

● 特色 ●

蘆筍外表清新，味道清淡，營養豐富，一般經過簡單水煮即可端上餐桌，作為配菜尚可，作為主菜就略顯口味單薄。這時只要加點起司焗烤一下，立刻變成能獨當一面的主菜，配上黑胡椒和喜馬拉雅玫瑰鹽的簡單調味，蘆筍的清新和起司的濃香被凸顯得淋漓盡致，堪稱完美融合。

營養說明

起司經過了發酵的過程，含有乳酸菌，有利於維持人體腸道內正常菌群的穩定和平衡，防治便祕和腹瀉。1公斤起司製品是由10公斤牛奶濃縮而成的，蛋白質、脂肪、維生素及鈣、磷等營養含量更高。且由於獨特的發酵工藝，使其營養吸收率達到了96～98％。

TIPS

- 起司用量可根據個人口味自行調整。
- 直接使用市售的莫札瑞拉起司絲，經過烘烤會滲透得更均勻一些。
- 如果買不到莫札瑞拉起司，也可用切達起司片（白色）代替：取8片奶酪片，撕成小塊後撒在蘆筍上即可。

● 主料 ●

| 蘆筍 | 1小束 |
| 莫札瑞拉起司 | 100克 |

● 配料 ●

鹽	1小匙
橄欖油	3大匙
喜馬拉雅玫瑰鹽	適量
現磨黑胡椒	適量

1 蘆筍切去根部老化的部分，沖洗乾淨。

2 起鍋燒一鍋清水，加入1小匙鹽。

3 將蘆筍整根放入鍋中，汆燙1分鐘後撈出，瀝乾水分備用。

4 烤箱預熱至180℃；準備烤箱專用的玻璃器皿，刷上一層橄欖油（1大匙量）。

5 將蘆筍整齊地擺放在容器內，均勻地淋上剩餘的橄欖油。

6 莫札瑞拉起司切成小塊，均勻撒在蘆筍上。

7 撒上適量的現磨喜馬拉雅玫瑰鹽和黑胡椒。

8 送入烤箱中層，烘烤約15分鐘，至起司全部融化滲進蘆筍中即可。

起司高麗菜

輕鬆吃出幸福感

⊙ 烹飪時間　50分鐘

🔥 難易程度　簡單

● 特色 ●

當家中有客人造訪，
或年節時分家人聚
餐，想端出一盤既輕
鬆省事，又讓你頗有
面子的菜餚，不妨試
試這道奶香四溢的起
司高麗菜。只需簡單
處理，放入烤箱，就
能變出一盤香濃無比
的菜餚，而且有了起
司的加持，每一口都
是幸福的滿足。

● 主料 ●

高麗菜	半棵
莫札瑞拉起司	150克

● 配料 ●

橄欖油	2大匙
鹽	1小匙
現磨黑胡椒	適量

營養說明

高麗菜富含維生素
C，經常食用可增強
人體免疫力。高麗菜
中還含有某種潰瘍癒
合成分，能加速創口
癒合，對胃潰瘍等有
著很好的食療作用。

1 圓白菜剝去外層老葉，洗淨，瀝乾水分。

2 對半切開，取一半，再對切，然後切掉根部硬心。

3 將高麗菜切成邊長3公分左右的小塊，用手掰開層層緊密的菜葉。

4 加入鹽、橄欖油和適量現磨黑胡椒，翻拌均勻，醃漬15分鐘。

TIPS

這道菜還可以用P.32
「白醬焗青花菜」
中的白醬來製作，
口感也非常棒。

5 烤箱預熱至180℃；將醃好的高麗菜放入烤箱專用的玻璃器皿中。

6 莫札瑞拉起司切碎，均勻撒在高麗菜上，放入烤箱中層，烘烤25分鐘即可。

菜豆棒棒糖
讓小朋友愛上蔬菜

⏱ 烹飪時間　30分鐘
🔥 難易程度　簡單

● 特色 ●

小孩往往對肉情有獨鍾，對於味道清淡的青菜則興趣缺缺。其實只要花點心思，就能把蔬菜料理得非常討喜，一個又一個可愛的菜豆棒棒糖，保證能吸引孩子們一口接一口。

營養說明

中醫認為，菜豆具有理中益氣、健胃補腎、和五臟、生精髓、止消渴、解毒的功效，菜豆中含有多種維生素和礦物質等，尤其是富含的磷脂可促進胰島素分泌，是糖尿病患者的理想食物。

TIPS

- 串菜豆時，固定菜豆串的手應平壓在上方，另一隻手持竹籤水平施力，這樣才不會扎到手指。
- 菜豆容易生蟲，所以農藥殘留比較多，烹煮前須用蔬果專用的無毒清潔劑浸泡5分鐘，並以流動清水充分沖洗，以去除農藥殘留。

● 主料 ●

菜豆	12根

● 配料 ●

鹽	1小匙	醬油	1大匙
豆瓣醬	2大匙	大蒜	1球
食用油	3大匙		

1 長菜豆洗淨，切去根部，瀝乾水分。

2 燒一鍋熱水，加入1小匙鹽，水滾後將長菜豆放入，中火煮至稍微變軟。

3 撈出長菜豆，瀝乾水分。

4 烤盤包裹錫箔紙，刷上一層食用油（1大匙量）。

5 取一根菜豆，卷成棒棒糖的形狀，再用竹籤串好固定住，再整齊地擺放入烤盤內。

6 大蒜去皮洗淨，用壓蒜器壓成蒜蓉。

7 炒鍋燒熱，加入2湯匙食用油，放入蒜蓉翻炒出香味，加豆瓣醬和醬油調味。

8 烤箱預熱至200℃；將炒好的蒜蓉醬用湯匙淋在菜豆棒棒糖的中間，送入烤箱中層，烘烤10分鐘即可。

金沙焗苦瓜
讓苦瓜變成搶手貨

🕐 烹飪時間　1小時
🔥 難易程度　中等

● 特色 ●

人人都知道苦瓜對健康大有助益，但孩子們看見苦瓜就躲，大人也有如服藥般逼自己吞下這份苦澀的健康。這道金沙焗苦瓜不但沒有苦味，還滿溢著蛋黃的香，有了這份食譜，沒人動筷的苦瓜立刻就能變成餐桌上的搶手貨！

● 主料 ●

| 苦瓜 | 2根 | 鹹蛋黃 | 4個 |

● 配料 ●

| 食用油 | 2大匙 | 鹽 | 1小匙 |
| 香蔥 | 3根 | | |

TIPS

生的鹹蛋黃不易壓碎，因此在炒金沙時，應保持小火，並用鍋鏟不停地翻動、碾壓，以利炒出非常細密的金沙。

1 苦瓜洗淨，切去頭尾；將苦瓜縱向剖開，掏出苦瓜籽、撕去白瓤丟棄。

2 將苦瓜切成0.5公分寬的半圓形，置於一大盆清水中浸泡半小時以上，減少苦味。

3 燒一鍋清水，加入1/2茶匙鹽；將苦瓜放入開水中汆燙半分鐘，撈出瀝乾水分。

4 鹹蛋黃用湯匙壓碎；炒鍋燒熱，加入2湯匙食用油。

5 倒入壓碎的鹹蛋黃和1/2茶匙鹽，翻炒至蛋黃泛起細密的泡泡後關火。

6 烤箱預熱至180℃；加入苦瓜翻拌均勻，使苦瓜裹滿鹹蛋黃。

7 烤盤包裹好錫箔紙，將金沙苦瓜倒入烤盤內平鋪，放入烤箱中層烘烤10分鐘。

8 香蔥去根洗淨，切成蔥花，金沙苦瓜出爐後撒在蔥花即可。

● 特色 ●

一小把金針菇，一塊豆腐皮，幾根韭菜，再尋常不過的食材，經過一番巧妙烹製，就能變成一盤極為精緻的菜餚。生活永遠不缺美好，只要你有一份創造美的心情。

豆豉金針菇卷
精緻素食的典範

🕐 烹飪時間　25分鐘
🔥 難易程度　簡單

● 主料 ●

| 金針菇 | 500克 |
| 豆腐皮 | 1塊 |

● 配料 ●

食用油	3大匙
豆豉	3大匙
酒釀	3大匙

TIPS

配方中的豆豉，也可根據個人口味替換成豆瓣醬、甜麵醬等醬料，出爐後也可再撒一些孜然粉、五香粉來調味。

1 金針菇洗淨，瀝乾水分，切掉根部1公分，用手撕開備用。

2 豆腐皮洗淨，瀝乾水分，切成3×6公分的長方形小塊。

3 將風味豆豉和酒釀調勻成醬汁。

4 烤盤包裹錫箔紙，刷上薄薄一層食用油（1湯匙量）。

5 取手指粗的一小撮金針菇，放在豆皮上，將豆皮沿長邊捲起，用牙籤固定好。

6 將捲好的豆皮整齊擺放進烤盤內，烤箱預熱至180℃。

7 用毛刷將剩餘的食用油刷在金針菇豆皮卷上。

8 均勻地淋上步驟3調好的醬汁，送入烤箱中層，烘烤15分鐘即可。

孜然烤香菇
素食也能很美味

🕐 烹飪時間　**30分鐘**

🔥 難易程度　**簡單**

● 特色 ●

香菇是一種風味非常
突出的食用菌，它
在素食中的地位極其
重要，無論做為主材
料，還是煮高湯、做
配料，都表現極佳。
新鮮的香菇肉質飽
滿、水分豐富，只需
要稍微調味，簡單烘
烤，就非常鮮美。

營養說明

香菇是世界第二大食
用蕈，也是台灣特產
之一，在民間素有
「山珍」之稱。它
富含蛋白質、維生
素B、維生素D原、
鐵、鉀等營養元素，
對食慾減退、少氣乏
力等有食療效果。

TIPS

如果買不到新鮮香
菇，也可以用乾香
菇泡水代替，提前
2小時將乾香菇浸泡
於溫水中即可。

● 主料 ●

新鮮大香菇　　　　　8朵

● 配料 ●

食用油　　　　　　2大匙
現磨海鹽　　　　　　適量
孜然粉　　　　　　　適量

1 新鮮香菇沖洗洗淨，用手
揉搓內側蕈褶部分，洗好後
剪去菇蒂。

2 用廚房紙巾吸乾多餘水
分，尤其是香菇的蕈褶處。

3 烤箱預熱至180℃，烤盤
包裹錫箔紙。

4 在烤盤上倒1大匙食用
油，用毛刷刷勻。

5 將處理好的香菇蕈褶朝
上，整齊擺放在烤盤內。

6 用毛刷沾取剩餘的食用
油，均勻刷在香菇上。

7 撒上適量的現磨海鹽和孜
然粉。

8 送入烤箱中層，烘烤20分
鐘左右。

橄欖油杏鮑菇

吃出松茸的奢華感

🕐 烹飪時間 　40分鐘
🔥 難易程度 　簡單

● 特色 ●

美食節目《舌尖上的中國》紅遍大江南北，炭烤松茸也隨之名聲大噪。但物稀價高，一般人難以負擔，不妨用便宜實惠又營養的杏鮑菇來做替代品，烤出來的滋味絕對能讓你驚豔！

營養說明

橄欖油在地中海沿岸的國家有著幾千年的歷史，在西方，被譽為「液體黃金」、「植物油皇后」、「地中海甘露」，有著極佳的天然保健功效。

TIPS

除了黑胡椒，還可以使用孜然粉、五香粉等自己喜愛的調味粉來製作。

● 主料 ●

杏鮑菇	250克
橄欖油	3大匙

● 配料 ●

現磨海鹽	適量
現磨黑胡椒	適量

1 杏鮑菇洗淨，切去較硬的根部，用廚房紙巾吸乾水分。

2 將杏鮑菇豎切成0.2公分的薄片。

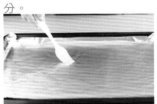

3 烤箱預熱至180℃，烤盤包裹錫箔紙，用小刷子刷上1大匙橄欖油。

4 將杏鮑菇片整齊地擺放在烤盤上，用毛刷在杏鮑菇表面再刷上1大匙橄欖油。

5 依照個人口味均勻地在杏鮑菇表面撒上適量的現磨海鹽和黑胡椒。

6 送入烤箱中層，烘烤10分鐘。

7 取出烤盤，將杏鮑菇翻面，再用毛刷刷上1大匙橄欖油。

8 撒上適量的現磨海鹽和黑胡椒，繼續放回烤箱中層，烘烤10分鐘即可。

蘑菇鵪鶉蛋

鵝黃白玉焗雙珍

🕐 烹飪時間　40分鐘

🔥 難易程度　簡單

● 特色 ●

蘑菇學名雙孢菇，原
產於歐洲及北美洲。
肉質肥美外形如漢白
玉般的蘑菇，搭配營
養豐富的鵪鶉蛋，造
型別致，做法簡單，
既適合做快手早餐又
可用來待客。

營養說明

鵪鶉蛋是卵中佳品，
富含蛋白質、脂肪、
維生素A及鈣、鐵等
營養元素，有很好的
滋補作用。其豐富的
卵磷脂，有利於兒童
大腦發育；維生素A
可保護視力，緩解眼
疲勞。但是鵪鶉蛋膽
固醇含量較高，不宜
食用過多。

TIPS

如果沒有新鮮迷迭
香，可以用乾燥的
迷迭香或綜合法式
香草來代替，換成
香蔥末也可以。

● 主料 ●

| 蘑菇 | 8朵 |
| 鵪鶉蛋 | 8個 |

● 配料 ●

| 橄欖油 | 1大匙 | 現磨海鹽 | 適量 |
| 現磨黑胡椒 | 適量 | 新鮮迷迭香 | 2枝 |

1 蘑菇去除蕈柄，放入清水中浸泡5分鐘。

2 沖洗兩遍，蕈褶朝下，瀝乾水分。

3 烤箱預熱至180℃；在烤盤上用錫箔紙摺出8個與蘑菇差不多大小的小圓圈，將蘑菇蕈褶朝上擺放整齊。

4 用小毛刷將橄欖油刷在蘑菇上。

5 再撒上一層現磨海鹽。

6 將烤盤送入烤箱中層，烘烤25分鐘；迷迭香洗淨，甩乾水分，剪成3公分的小段。

7 取出烤盤，將鵪鶉蛋打進蘑蕈褶處，再撒上適量的現磨黑胡椒在鵪鶉蛋上，擺放上切好的迷迭香。

8 送回烤箱中層，繼續烘烤5～8分鐘即可。

酪梨焗鵪鶉蛋

賞心悅目的健康料理

🕐 烹飪時間　20分鐘

🔥 難易程度　簡單

● 特色 ●

酪梨是金氏世界紀錄認定「營養價值最高的水果」,也是健身族菜單中絕對少不了的食材。如果想讓酪梨入菜吸引更多的目光,試試看把酪梨挖空,裝顆鵪鶉蛋進去送入烤箱吧!

酪梨含有豐富的甘油酸、蛋白質及維生素，潤而不膩，是天然的抗氧化劑，能夠抗衰老、滋潤皮膚，強韌細胞膜，延緩表皮細胞衰老的速度。牛油果還富含酶，有健胃清腸的作用，並能降低膽固醇和血脂，保護心血管系統。

TIPS

- 挑選酪梨時，不要選綠色果皮的，雖然看起來漂亮，但卻是未成熟的果實。應該購買顏色呈灰褐色、輕捏略微柔軟的果實才是成熟狀態。但不可過軟或有塌陷，表示可能過熟或腐壞。
- 可按個人喜好調整鵪鶉蛋的熟度，喜歡全熟的就多烤一會兒，如果講究口感，那麼烤5～8分鐘（視烤箱大小）的溏心狀態最好吃。

● 主料 ●

| 酪梨 | 2個 |
| 鵪鶉蛋 | 4個 |

● 配料 ●

| 鹽 | 1/2小匙 |
| 現磨黑胡椒 | 適量 |

1 酪梨洗淨，從中間縱向繞果核劃開。輕輕扭動酪梨，分成兩半。

2 用小刀或湯匙輔助將果核取出。

3 用湯匙將酪梨肉挖出。

4 將酪梨肉加1/2小匙鹽，壓成酪梨泥。

5 烤箱預熱至180℃；用錫箔紙摺出4個與酪梨差不多大的錫箔紙圈。

6 將酪梨果皮平穩地擺放在烤盤內。

7 將酪梨泥填回果皮內，中間挖一個小坑。

8 在小坑內打一個鵪鶉蛋，撒上適量的現磨黑胡椒，送入烤箱中層，烘烤10分鐘，鵪鶉蛋開始凝固即可。

聖女番加青豆焗蛋

多采多姿超營養

烹飪時間　30分鐘
難易程度　簡單

● 特色 ●

烘蛋是每個孩子從小吃到大的營養美食，但是每次都要開小火顧鍋，略顯麻煩。有了烤箱，這些都不是問題！將打好的蛋液倒入容器中，點綴各色食材，旋鈕一轉，「叮」的一聲過後漂亮又好吃的烘蛋就上桌啦！

營養說明

青豆在中國已有五千年的栽培史，其富含不飽和脂肪酸和大豆磷脂，有保持血管彈性、健腦和降血脂的作用；青豆中還含有β-胡蘿蔔素，可以維持眼睛和皮膚的健康，並有助於身體免受自由基的傷害。此外，青豆中富含皂角苷等抗癌成分，對癌細胞有抑製作用。

TIPS

除了聖女番茄和青豆，也可以加入蔥花、蝦仁、扇貝等自己喜好的食材，使烘蛋變得更加豐盛可口。

● 主料 ●

雞蛋	4個
聖女番茄	8顆
冷凍青豆	100克

● 配料 ●

鹽	1/2小匙
地瓜粉	1小匙
橄欖油	2大匙
小磨香油	1大匙

1 雞蛋打入碗中，加入1/2小匙鹽、1小匙地瓜粉，4大匙純水，攪打均勻。

2 聖女番茄去蒂洗淨，切成四瓣。

3 冷凍青豆洗去冰屑，瀝乾水分。

4 將烤箱專用玻璃器皿洗淨，用廚房紙巾擦乾水分。

5 倒入2大匙橄欖油，用毛刷均勻地刷滿整個內壁。

6 烤箱預熱至180℃；將蛋液倒入塗好油的玻璃器皿中。

7 均勻撒上聖女果塊和青豆，送入烤箱中層，烘烤20分鐘。

8 取出後，淋上1大匙小磨香油即可。

麻辣烤豆腐
烤出來的豆腐更香

🕐 烹飪時間　**30分鐘**

🔥 難易程度　中等

● 特色 ●

豆腐是一款能夠千變萬化的神奇食材，有的廚師單以豆腐為主要材料就能做出滿滿一大桌的菜。只要換種烹飪方式，換些調味品，豆腐就能回饋給你截然不同的口味。現在將中國傳統的豆腐和調味料，與西方的烹飪方式相融合，看看能碰撞出怎樣的美味火花吧！

營養說明

豆腐是素食菜餚的主要原料，其營養豐富，消化吸收率達95％以上，兩小塊豆腐，即可滿足一個人一天鈣的需要量。由於富含植物蛋白質，又被人們譽為「植物肉」。

TIPS

所謂板豆腐和嫩豆腐，是指透過不同方式製作出的豆腐，購買時可向店家諮詢，較硬的為板豆腐，軟的為嫩豆腐。

● 主料 ●

板豆腐	500克

● 配料 ●

食用油	3大匙	鹽	1/2小匙
醬油	1大匙	辣椒粉	1大匙
豆瓣醬	2大匙	白砂糖	1大匙
花椒粉	1大匙	香蔥	1小把

1 板豆腐洗淨，瀝乾水分，切成3×5公分，厚約1公分的豆腐塊。

2 烤盤包裹錫箔紙，將烤箱預熱至180℃。

3 在烤盤上倒上1大匙食用油，用小刷子刷均勻。

4 將豆腐塊平整擺放在烤盤內，用小刷子把剩餘的食用油刷在豆腐塊上。

5 將鹽、白砂糖、醬油、豆瓣醬、花椒粉和辣椒粉調和均勻，做成麻辣醬汁。

6 將醬汁淋在豆腐上，送入烤箱中層，烘烤20分鐘左右。

7 香蔥去根洗淨，切成蔥花。

8 豆腐烤好後，撒上切好的蔥花即可。

Part 2

噴香
燒烤肉

Perfect Roasted
Meats

孜然羊肉串

充滿西域風味的經典串烤

🕐 烹飪時間 1小時

🔥 難易程度 簡單

● 特色 ●

路邊小攤冒著絲絲油光和陣陣白煙的烤羊肉串，很少有人能抗拒得了，但背負著「肉品來源不明」、「製作不衛生」等枷鎖，吃的時候難免會有一點糾結。那麼不妨在家用烤箱來製作吧！一次解決所有食安問題，吃得過癮又安心！

營養說明

孜然為調味品之王，適合烹調肉類，也可做為香料使用。具有安神、止痛、行氣、開胃、防腐等功效，對胃寒呃逆、食慾不振、腹瀉腹脹、血凝經閉等有食療作用。

TIPS

• 選購羊肉時，最好選用帶一點肥肉的，穿成串時，每串搭配一小塊肥肉，口感會更香。
• 選用玉米胚芽油是因為這種油脂沒有味道，經過高溫烘烤之後也不會影響羊肉的香氣。

● 材料 ●

羊肉	500克

● 配料 ●

孜然粒	1大匙	玉米胚芽油	4大匙
醬油	少許	辣椒粉	1小匙
孜然粉	2小匙	料理米酒	3湯匙

1 羊肉洗淨，用廚房紙巾吸去多餘水分。

2 將羊肉切成一口大小。

3 加入料理米酒、醬油和孜然粉，醃漬半小時以上。

4 加入2大匙玉米胚芽油拌勻。

5 將羊肉塊用竹籤串好。

6 烤箱預熱至230℃，烤盤包裹錫箔紙，刷一層薄薄的油防沾黏。

7 將串好的羊肉放入烤盤，撒上孜然粒（辣椒粉），送入烤箱中層烤10分鐘。

8 取出翻面，刷油、撒孜然粒（辣椒粉），繼續烘烤10分鐘即可。

孜然烤羊排

孜然＋羊肉，一次吃個夠！

⏱ 烹飪時間　**50分鐘**

🔥 難易程度　**中等**

● 特色 ●

喜歡吃燒烤又擔心食品安全問題？那不如在家自己烤一盤孜然羊排！乾淨新鮮的羊肉，盡情地撒滿孜然，過足嘴癮，吃起來再也不用糾結健康問題了！

營養說明

羊肉能禦風寒、補身體，對風寒咳嗽、虛寒哮喘、腰膝痠軟、氣血兩虧等一切虛症均有食療和補益效果，最適合冬季食用，故被稱為冬令補品，深受人們歡迎。

● 材料 ●

羊排	500克

● 配料 ●

生薑	1小塊	花椒	1小撮
鹽	適量	孜然粉	適量
八角	3粒	肉桂	半根
食用油	少許	辣椒粉	適量

1 羊排洗淨，放入電子壓力鍋，倒入開水。

2 將生薑用刀拍鬆，放入鍋中。

3 花椒、八角、肉桂放入調味料濾網球後，用冷水沖洗，旋緊蓋子，也放入鍋中。

4 按下壓力鍋開關20分鐘，將羊排燉熟。

5 烤盤鋪好錫箔紙，將烤箱預熱到200℃。

6 取出羊排，瀝乾水分，放入烤盤中，刷上一層食用油。

7 撒上適量的鹽和孜然粉（辣椒粉），將錫箔紙四周向中間包裹，將羊排包好，放入烤箱中上層，烘烤10分鐘。

8 戴上隔熱手套，將烤盤取出放在隔熱墊上，用筷子輔助將錫箔紙打開，烤箱只開上火，將羊排再刷一層油，補撒一些孜然粉，送入烤箱，繼續烘烤10分鐘後即可取出食用。

TIPS

- 購買羊排時應選擇帶部分肥肉的，烤出的羊排才會更加香嫩可口。
- 食譜中的食用油應盡量選擇味道較淡的油類，例如玉米胚芽油，而應避開花生油、橄欖油這類味道較重的油脂，以免影響羊排的味道。
- 鹽不可多撒，味道如果太淡，可以上桌後再根據個人口味補上，但是過鹹則很難補救。

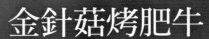

金針菇烤肥牛

菇滑肉香，難以抗拒

🕐 烹飪時間　40分鐘

🔥 難易程度　簡單

半盒雪花牛肉片，一把金針菇，簡單的材料，捲一捲放進烤箱，立刻變出一盤混著菇香和肉香、滑嫩解饞的噴香佳餚，配上一碗白飯，吃得超滿足！

營養說明

金針菇中的胺基酸含量非常豐富，高於一般菇類，尤其是離胺酸的含量特別高，具有促進兒童智力發育的功能。此外，還含有一種特殊的多醣體，能增強身體對癌細胞的抵抗能力，經常食用，還能夠降低膽固醇，預防肝臟疾病和腸胃道潰瘍。

TIPS

除了豆瓣醬，也可用別的醬來調味，例如豆瓣醬、蒜蓉辣醬等。可依照個人口味來選擇。

● 材料 ●

肥牛片	200克
金針菇	300克

● 配料 ●

鹽	1/2小匙
花生油	2大匙
豆瓣醬	1大匙

1 金針菇洗淨，但不要切除相連的根部。

2 燒開一鍋水，加入1/2小匙鹽。

3 放入金針菇，煮至金針菇變軟，撈出瀝乾水分備用。

4 炒鍋燒熱，加入2湯匙花生油，放入豆瓣翻炒半分鐘，加入少許開水，將醬汁稀釋至濃稠可流動的狀態。

5 將燙好的金針菇切去相連的根部，整齊地擺放入鍋內，用筷子輔助，使金針菇上裹滿調味料醬汁。

6 烤箱預熱至180℃；烤盤包裹錫箔紙。

7 取一片肥牛片，放上適量的金針菇，卷起後擺放在烤盤內。

8 全部擺放好後，將鍋內剩餘的醬汁淋在烤盤上，送入烤箱中層，烘烤15分鐘即可。

古早味牛肉乾

傳承經典滋味

🕐 烹飪時間　約1天
🔥 難易程度　高級

● 特色 ●

兒時的牛肉乾，最是
饞人。在那個物資匱
乏的年代，能吃上一
包總是倍感珍惜和滿
足。用傳統的古法，
自製一大盤健康的牛
肉乾，為兒時的記憶
解解饞吧！

營養說明

牛肉中的肌胺酸含量
高，對增長肌肉、增
強體力特別有效，熱
愛健身的族群適合常
吃牛肉。此外，還能
提高身體抗病能力，
對手術後、病後調養
的人在補充失血和修
復組織等方面特別有
效。

TIPS

• 花椒和八角可裝入
  專門的不鏽鋼調味
  料盒再放入鍋中，
  這樣牛肉燉好撈出
  時不會沾上花椒和
  八角。
• 燉牛肉的時間決定
  牛肉乾的口感，喜
  歡有嚼勁的可以燉
  1小時左右，喜歡
  入口即溶的口感就
  燉久一點，1.5小
  時或更久一些。

● 材料 ●

牛腱肉	1公斤

● 配料 ●

配料A		配料B	
蔥白（切段）	1根	醬油	2小匙
薑	3片	濃醬油	2小匙
月桂葉	3片	細砂糖	2小匙
八角	3顆	蠔油	1大匙
花椒	1茶匙	料理米酒	1茶匙
料理米酒	2茶匙	五香粉	1/2小匙
		咖哩粉	1/2小匙

1 牛肉切成大塊，放入盆
中，浸泡出血水。

2 將牛肉放入砂鍋，倒入淹
過牛肉至少2公分的清水。

3 加入配料A。

4 大火燒開後，轉小火燉
1～1.5小時。

5 燉好的牛肉撈出，放涼，
切成0.5公分厚的牛肉片。

6 將配料B放入小碗中，喜
歡五香口味的加五香粉，喜
歡咖哩口味的加咖哩粉，調
和均勻。

7 將切好的牛肉片放入調味
醬中浸泡過夜。

8 烤箱200℃預熱；烤盤鋪
上錫箔紙，放入瀝去調味醬
的牛肉片，烤20分鐘後取出
翻面，繼續烤20分鐘即可。

紅酒烤牛排
當紅酒遇上牛肉

🕐 烹飪時間　**45分鐘**
🔥 難易程度　**中等**

● 特色 ●

醇香的紅葡萄酒，是法國人的驕傲。以紅酒入饌，則是法國人對食材極大的尊重。這道菜最好使用不甜的紅葡萄酒（Dry red wine）來製作。當然，這也是消化已開瓶但未能及時飲用完畢的葡萄酒的好辦法。

營養說明

紅酒中含有的抗氧化物質，能夠加快新陳代謝，有效避免皮膚色素沉著、膚色暗沉、皮膚鬆弛、長皺紋等問題。另外，紅酒還能夠幫助去角質，有效嫩白肌膚。而紅酒中的白藜蘆醇則有預防癌症和糖尿病，以及促進心臟健康的功效。

TIPS

- 如果用的是市售包裝好的方便牛排，一般已做過處理，所以不需要步驟2即可直接操作。
- 選購製作牛排的牛肉時，菲力（filet）是最適合家庭製作的，這是牛的里脊部位，肉質細嫩無筋。

● 材料 ●

牛排	2塊
紅酒	100毫升

● 配料 ●

奶油	20克	地瓜粉	1小匙
黑胡椒醬	2大匙	現磨黑胡椒	適量
鹽	1克		

1 牛排洗淨，用廚房紙巾吸去多餘水分。

2 用肉錘敲打，使牛排肉質變得鬆軟。

3 在牛排兩面都抹上薄薄一層奶油。

4 撒上少許鹽和適量的現磨黑胡椒。

5 烤箱預熱至230℃，用錫箔紙將每塊牛排單獨包起，分別倒入約25毫升的紅酒。

6 將錫箔紙包裹緊實，放入烤盤，置於烤箱中層，烘烤25分鐘。

7 取出烤盤，打開錫箔紙，將牛排取出置於餐盤上。

8 炒鍋加熱，將錫箔紙內剩餘的紅酒肉汁、2大匙黑胡椒醬一併倒入；再將剩餘的50毫升紅酒和地瓜粉調勻，也加入炒鍋內，小火邊攪拌邊熬煮，關火後淋在烤好的牛排上即可。

黑胡椒洋蔥骰子牛

牛肉三劍客

🕐 烹飪時間　50分鐘
🔥 難易程度　簡單

● 特色 ●

牛肉的最佳拍檔莫過於洋蔥和黑胡椒
了。當吃膩了燉牛肉、鐵板炒牛肉，不
妨用烤箱來製作這道菜，會帶來截然不
同的味覺體驗。

營養說明

胡蘿蔔素有「小人參」之稱，富含胡蘿蔔素、維生素、花青素、鈣、鐵等營養成分。美國科學家研究證實：每天吃兩根胡蘿蔔，可使血中膽固醇降低10～20%；每天吃三根胡蘿蔔，有助於預防心臟疾病和腫瘤。

TIPS

- 購買牛肉時，可選擇帶有少許肥肉的部分，避開牛筋過多的部位，這樣烤出來的口感更好。
- 烘烤中途也可戴上隔熱手套取出烤盤，將食材翻面，火候會更均勻。
- 也可用筷子或矽膠鏟、木鏟等工具輔助，將食材翻面。

● 材料 ●

牛肉	500克
洋蔥	2個
胡蘿蔔	1根

● 配料 ●

鹽	適量
現磨黑胡椒	適量
料理米酒	3大匙
橄欖油	3大匙

1 牛肉洗淨，先切成2公分厚的大片。

2 放於砧板上，用肉錘在兩面分別敲打1分鐘。

3 用刀切分成邊長與厚度相等的正方體小塊。

4 將牛肉塊放入碗中，加入料理米酒醃漬片刻。

5 洋蔥去皮，洗淨後切成約0.5公分粗的洋蔥絲；胡蘿蔔洗淨，去根，斜切成厚度約0.2公分的薄片。

6 烤箱預熱到230℃；烤盤包好錫箔紙，倒入橄欖油，輕輕晃動，使橄欖油布滿整個烤盤。

7 將醃漬好的牛肉塊、切好的洋蔥絲和胡蘿蔔片，撒上適量的鹽和現磨黑胡椒，晃動烤盤一下，使食材都能均勻裹上油分和調味料，送入烤箱中層，烘烤20分鐘即可。

蜜汁烤肋排

大口吃肉最過癮

🕐 烹飪時間 1小時

🔥 難易程度 中等

● 特色 ●

肋排的美味不需要過多描述，用蜜汁調味，和愛的人一起分享，就很幸福！

● 材料 ●

豬肋排	1公斤
蜂蜜	100克

● 配料 ●

料理米酒	3大匙	月桂葉	3片
花椒	1小匙	葱白	1根
醬油	3大匙	鹽	1小匙
八角	3顆	生薑	1塊
濃醬油	1大匙	去皮白芝麻	1大匙

營養說明

蜂蜜是一種營養豐富的天然滋養品，含有與人體血清濃度相近的多種礦物質、維生素、有機酸，以及果糖、葡萄糖、地瓜粉酶、氧化酶、還原酶等，具有潤燥解毒、美白養顏、潤腸通便之功效，同時還能消除疲憊、幫助殺菌。

TIPS

排骨可一次多煮一些，連湯汁一起凍入冰箱，需要製作這道菜時取出再烤即可，排骨經過醃漬也會更加入味。

1 肋排洗淨，剁成小塊，放入開水中汆燙3分鐘，撇去浮沫，撈出備用。

2 另起一鍋，加入約1500克的水，以及除白芝麻外的所有配料。

3 燒開後放入肋排，轉小火保持沸騰，燉30分鐘左右。

4 撈出排骨備用。將煮排骨的湯汁過濾到平底鍋中。

5 用中火將湯汁熬至濃稠。

6 烤箱預熱至200℃；烤盤包裹錫箔紙。

7 將煮好的肋排放入烤盤，倒入收濃的湯汁。

8 用毛刷刷一層蜂蜜，撒上白芝麻，置於烤箱中層，烘烤15分鐘即可。

蒜香烤肋排

待客自食兩相宜

🕐 烹飪時間　約4小時

🔥 難易程度　中等

● 特色 ●

一根根細細的肋排，配上滿滿的蒜蓉及濃郁的番茄醬汁，經過高溫烘烤，散發著濃郁的蒜香，再撒上畫龍點睛的白芝麻，是絕佳的宴客料理。

營養說明

豬肋排肉質鮮香，中醫認為可入脾、胃、腎經，具有補腎養血、滋陰潤燥、防便祕、止消渴的功效。

TIPS

- 長條形的肋排擺盤會更加好看，適合宴客，如果日常食用，可以請商家剁成3～5公分的小塊，更加適口，也更容易烤熟。
- 如果時間允許，將排骨醃漬過夜，味道更加香濃。

● 材料 ●

| 豬小排 | 1公斤 |
| 大蒜 | 2球 |

● 配料 ●

食用油	2大匙	蠔油	2大匙
番茄醬	1大匙	去皮白芝麻	1大匙
醬油	2小匙	細砂糖	2小匙
料理米酒	1大匙		

1 排骨剁成約10公分長，洗淨，浸泡出血水。

2 取1球大蒜，洗淨去皮，壓成蒜蓉。

3 將蒜蓉、醬油、蠔油、細砂糖、番茄醬、料理米酒攪拌均勻。

4 排骨瀝乾水分，放入步驟2的調味醬中，醃漬3小時以上。

5 取另一球蒜頭，洗淨去皮，壓成蒜蓉；炒鍋燒熱，加入食用油，放入蒜蓉炒出香味，關火備用。

6 烤箱預熱至230℃；烤盤鋪上錫箔紙，將醃漬好的排骨放在錫箔紙上，倒上調味醬，撒上一半炒好的蒜蓉。

7 撒上一半量的去皮白芝麻，放入烤箱烘烤30分鐘。

8 取出烤盤，將排骨翻面，撒上剩餘的蒜蓉和白芝麻，再送回烤箱續烤10分鐘即可。

港式叉燒肉
香濃粵式美味

🕐 烹飪時間　醃漬1晚＋烹飪50分鐘
🔥 難易程度　簡單

● 特色 ●

叉燒肉堪稱是港式粵菜的代表了，幾乎每一部港劇幾乎都會有它的身影，總是看得人口水直流。現在，你也可以在家自製一份完美的噴香叉燒肉，好好祭一下自己五臟廟啦！

● 材料 ●

豬前腿肉	1公斤	叉燒醬	100克

● 配料 ●

料理米酒	2大匙	蜂蜜	2大匙
大蒜	4瓣	蔥白	1小段

TIPS

烘烤的時間要根據豬肉的大小和形狀來調整，可用小刀切下一點來觀察火候。「三分肥七分瘦」是叉燒的黃金比例，選購時盡量以此為標準來挑選食材。

1 豬肉洗淨，用廚房紙巾擦乾多餘水分，放入保鮮盒內。

2 大蒜去皮，壓成蒜泥。

3 蔥白斜切成薄片。

4 叉燒醬、料理米酒、蜂蜜、蒜泥一併放入小碗，調和均勻，倒入保鮮盒內。

5 撒上蔥白，用筷子將肉、蔥和醬汁翻勻，放入冰箱冷藏過夜。

6 將保鮮盒從冰箱取出，打開蓋子回溫；烤箱預熱至200℃；烤盤包裹錫箔紙。

7 在包好錫箔紙的烤盤上架上烤網，將醃漬好的豬肉瀝乾湯汁，放在烤網上，用毛刷刷一遍醃醬，送入烤箱中層，烘烤20分鐘。

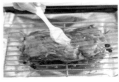

8 取出烤盤，將豬肉翻面，再刷一遍醃醬，繼續烘烤約20分鐘即可。

古法豬肉乾
古法手作，美味健康

○ 烹飪時間　30分鐘
♨ 難易程度　中等

● 特色 ●

廈門鼓浪嶼著名的古法豬肉乾紅遍大江南北。現在你可以嘗試在家自製，一點也不難，而且沒有任何添加劑哦！

● 材料 ●

豬里脊肉	500克	去皮白芝麻	30克

● 配料 ●

鹽	1小匙	料理米酒	1小匙
醬油	2大匙	蜂蜜	50克

TIPS

- 里脊肉要剁成細細的肉泥，注意要反覆剁至有黏性、看不見肉塊為佳。
- 根據家用烤箱的大小，放置肉餡時注意分量，以擀平後厚度不超過0.2公分為佳。

1 將里脊肉洗淨，瀝乾水分，切成小塊，剁成肉泥。

2 在肉泥裡加入鹽、料理米酒、醬油，以筷子用力攪打至調味料完全吸收，且肉質產生彈性和黏度。

3 烤箱預熱至200℃，裁剪一張和烤盤一樣大小的錫箔紙，放上肉餡。

4 覆上一張保鮮膜，用擀麵棍將肉餡擀平，注意保持厚薄一致。

5 蜂蜜加少許純水稀釋，撕掉保鮮膜，用刷子刷上一層蜂蜜水。

6 撒上白芝麻，送入烤箱中層，烤10分鐘。

7 取出烤盤，將豬肉乾翻過來，撕掉肉泥上的錫箔紙，刷上蜂蜜水，撒白芝麻，送入烤箱續烤10分鐘。

8 出爐後置於烤網上放涼，切片即可。

椒麻烤里脊

香麻過癮，齒頰留香

🕐 烹飪時間　醃漬1晚+烹飪35分鐘

🔥 難易程度　中等

● 特色 ●

嫩滑的里脊肉經過烘烤，肉汁香濃，外面裹滿的香料和芝麻，烤好後切成厚片，光看著就特別過癮。

● 材料 ●

里脊肉　　　　　　　　　500克

● 配料 ●

料理米酒	2大匙	鹽	1/2小匙
油	1大匙	花椒粉	2小匙
醬油	1大匙	濃醬油	1/2小匙
五香粉	1小匙	去皮白芝麻	1大匙

TIPS

如果喜歡辣椒，還可以在裹花椒粉的步驟中加一些辣椒粉。

1 里脊洗淨，用廚房紙巾吸去多餘水分。

2 將料理米酒、醬油、濃醬油、鹽、五香粉、油混合調勻，與里脊肉一同放入保鮮袋中，封緊袋口，置於冰箱冷藏過夜。

3 提前1小時將里脊肉從冰箱取出回溫，瀝去汁水但不要丟棄，稍後還會用到。

4 在砧板上撒上花椒粉和去皮白芝麻，將里脊肉放置於上滾動，使表面裹滿調味料。

5 烤箱預熱至200℃；用錫箔紙將里脊肉包裹起來，再倒入醃醬，包裹緊實後置於烤箱中層，烘烤25分鐘。

6 取出烤盤，待稍微冷卻後打開錫箔紙，取出里脊肉，切成小片即可。

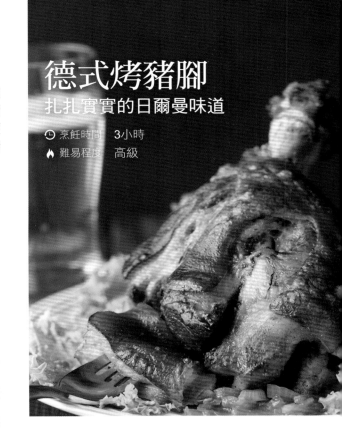

德式烤豬腳
扎扎實實的日爾曼味道

🕐 烹飪時間　3小時
🔥 難易程度　高級

● 特色 ●

務實的德國人，在美食上也淋漓盡致地延續了他們的風格：譽滿全球的豬腳、香腸和啤酒，都是扎扎實實的硬菜。在有球賽的夜晚，給另一半準備一份德式烤豬腳，再備上幾罐啤酒，讓他盡情地做個忘我的大男孩吧！

● 材料 ●

豬前腿	1隻	洋蔥	2個
啤酒	1罐		

● 配料 ●

橄欖油、鹽各適量		小茴香粉	2小匙
大蒜	1球	現磨黑胡椒	適量

TIPS

- 視烤箱和食材的體積靈活調整烘烤時間，使豬腳烤得熟透而不焦糊。
- 中途取出烤盤刷油時，注意觀察烤盤中剩餘的汁水是否充足，如果喜歡多一點汁水，可酌量再添加啤酒。

1 豬腳洗淨擦乾；大蒜去皮壓成蒜泥，加鹽、1小匙小茴香粉調勻，塗抹在豬腳表面。

2 將豬腳放入保鮮袋，置入冰箱冷藏醃漬1小時（過夜更好）。

3 將醃漬好的豬腳從冰箱取出；烤箱預熱到210℃；洋蔥去皮切絲。

4 烤盤包錫箔紙，鋪上洋蔥絲，撒上適量的鹽、黑胡椒和剩下的1小匙小茴香粉。

5 豬腳厚大的一端朝下，用小刀豎著從底部向上在外皮劃幾道約3公分的小口，放入烤盤，倒入啤酒。

6 再覆蓋一層錫箔紙，將整個烤盤嚴實包裹住，放入烤箱中層烤1小時。

7 取出烤盤，打開錫紙，在豬腳上刷一層橄欖油，再用叉子叉幾個小孔，不再覆蓋錫箔紙，繼續烘烤1小時。

8 用小刀或叉子能輕易插透豬腳即為烤好；將豬腳及洋蔥另外裝盤，剩餘的醃醬過濾後煮至略濃稠，淋在豬腳上。

廣式脆皮燒肉
難以抗拒的肉香

🕐 烹飪時間　約1天
🔥 難易程度　高級

● 特色 ●

燒肉是廣式燒臘店的必備招牌，烤好的脆皮燒肉呈金黃色、香氣四溢，深受食客們喜愛，並賦予它很多喜慶的名字，如「鴻運當頭」、「金玉滿堂」等。一塊烤得成功的脆皮燒肉，可以品嚐出三種口感：肉皮的酥脆、脂肪的柔軟、瘦肉的甘香。

● 材料 ●

帶皮豬五花肉	1大塊

● 配料 ●

蔥白	1根
薑	3片
八角	3顆
花椒	1小匙
料理米酒	1大匙
鹽	少許
五香粉	少許
食用小蘇打	少許
沾醬	適量

營養說明

五花肉不只能夠解饞，它所提供的優質蛋白質、脂肪酸、血紅素鐵和能促進鐵吸收的半胱胺酸（Cysteine），對缺鐵性貧血有著很好的食療效果，還可滋陰潤燥、補腎養血。

TIPS

- 沾醬可選擇泰式甜辣醬、甜麵醬、冰花梅醬等自己喜歡的口味。
- 烘烤過程中，肉皮會有糊掉的部分，用刀刮掉後刷上一層食用油，補烤10分鐘即可。

1 豬五花肉洗淨，放入滾水中大火汆燙5分鐘後撈出。

2 將汆燙好的五花肉放入砂鍋中，加入淹過肉塊的清水；放入切好的蔥白、薑片、八角和花椒以及料理米酒，大火燒開後轉小火，燉30分鐘。

3 將燉好的豬肉撈出，用叉子或竹籤在肉皮上扎滿小孔。

4 翻面，在瘦肉面用刀每隔3公分切一刀，僅切開瘦肉部分即可。

5 在瘦肉面撒上鹽、五香粉，抹勻，包括側面及切開的縫隙也要抹到。

6 用竹籤將瘦肉部分串起、固定，在肉皮上抹少許鹽後再抹上薄薄一層食用小蘇打。

7 肉皮朝上，用錫箔紙將肉塊的底部及四周包裹起來，露出肉皮部分，放入冰箱冷藏過夜。

8 第二天提前從冰箱取出後恢復室溫，放入烤盤送入烤箱以230℃烘烤30分鐘即可；放涼後切成小塊，沾醬食用。

韓式祕製烤五花肉

無需忍耐，過足肉癮

🕐 烹飪時間　1小時
🔥 難易程度　簡單

● 特色 ●

韓劇中經常出現的韓式烤肉，令韓劇迷們流了多少口水？只要掌握這個祕製食譜，再也不用忍耐著乾瞪眼，自給自足，過足肉癮！

營養說明

不要小看烹飪時加入的一點白芝麻，它的作用可不只為料理增香這麼簡單，白芝麻中含有的亞油酸具有調節膽固醇的作用，而豐富的維生素E是很好的皮膚保養劑，此外，白芝麻還具有補血明目、祛風潤腸、益肝養髮的作用。

TIPS

購買五花肉時，應盡量選擇肥瘦均勻、層次豐富的肉塊，口感才會更好。

● 材料 ●

豬五花肉	500克

● 配料 ●

韓式辣醬	2大匙	醬油	1大匙
蜂蜜	3大匙	生薑	3片
大蒜	3瓣	去皮白芝麻	1大匙

1 生薑洗淨，剁成薑蓉；大蒜洗淨去皮，壓成蒜蓉。

2 將薑蓉、蒜蓉放入大碗中，加入韓式辣醬、蜂蜜、醬油，攪拌均勻。

3 五花肉洗淨，用廚房紙巾吸乾水分，切成厚度不超過1公分的小片。

4 將五花肉片放入步驟2調好的調味醬中，撒上去皮白芝麻，拌勻，醃漬半小時，期間經常翻拌，確保肉片均勻浸泡在醃醬內。

5 烤箱預熱至180℃；烤盤包裹錫箔紙。

6 將肉片擺放在烤盤內，淋上調味醬。

7 放入烤箱中上層，烘烤10分鐘。

8 取出翻面，再續烤10分鐘即可。

法式番茄釀肉
吃出法式的精緻美味

🕐 烹飪時間　40分鐘
🔥 難易程度　中等

● 特色 ●

這是一道經典的法式家常菜,經過高溫烘烤,番茄的清新酸味,混著陣陣肉香,著實誘人。

● 材料 ●

番茄	4個	豬肉末	250克
洋蔥	1個		

● 配料 ●

鹽、紅酒	各1小匙	橄欖油	2大匙
大蒜	4瓣	新鮮迷迭香	少許
黑胡椒粉	1小匙	普羅旺斯綜合香料	
起司粉	1大匙		1小匙

TIPS

- 除了豬肉,法國人也常用羊肉、牛肉來做這道菜。
- 若沒有新鮮迷迭香,也可用羅勒來代替,或香蔥切碎撒上也可以。

1 豬肉末放入小碗中,加入鹽和紅酒,攪拌均勻。

2 番茄洗淨,從距離蒂頭約1.5公分處橫切開,用湯匙掏出果肉,保持外形完整。

3 洋蔥去皮,用切碎機切成小丁;大蒜去皮,用壓蒜器壓成蒜蓉。

4 炒鍋燒熱,加入2湯匙橄欖油,倒入蒜蓉爆香,再倒入洋蔥粒,轉中火翻炒1分鐘。

5 倒入肉餡,繼續翻炒至肉餡熟透,洋蔥變透明。

6 加入番茄果肉、黑胡椒粉和普羅旺斯綜合香料,中火翻炒至番茄汁收乾。

7 烤箱預熱至200℃,烤盤包裹錫箔紙;將炒好的肉餡用湯匙鑲入番茄中,送入烤箱中層,烘烤10分鐘。

8 取出烤好的番茄釀肉,撒上起司粉,點綴上新鮮的迷迭香即可。

無油雞米花
自製健康小零嘴

🕐 烹飪時間　30分鐘
🔥 難易程度　中等

● 特色 ●

雞米花香香的味道，外酥內嫩的口感，不只孩子們喜愛，大人們也難以抗拒。

● 材料 ●

雞胸肉	1塊	雞蛋	1個

● 配料 ●

鹽	1小匙	黑胡椒粉	1小匙
玉米粉	適量	墨西哥玉米片	30克

TIPS

- 如果買不到墨西哥玉米片，可用薯片代替，但是熱量會稍高一些。
- 麵包粉因為大多是白色的，不經油炸僅用烤箱很難出現誘人的金黃色，所以不推薦使用。
- 烤好後的雞米花可拿出一個先捏一下，過軟就是還沒烤熟，軟硬適中，咬開後沒有血絲即可。

1 雞胸肉洗淨擦乾，切成一口大小。

2 加入鹽和黑胡椒粉醃漬片刻。

3 雞蛋打散，放入小碗中備用。

4 玉米粉放入小碗中備用。

5 墨西哥玉米片裝入保鮮袋，用擀麵棍擀碎，放入小碗中備用。

6 烤箱預熱至200℃；烤盤鋪上防沾黏的油紙。

7 將醃漬好的雞肉塊按照蛋液、地瓜粉、玉米片碎片的順序沾取包裹好，放入烤盤。

8 送入烤箱，以200℃烘烤12～15分鐘，至雞米花變成誘人的金黃色即可。

重現記憶中的美味

🕐 烹飪時間　醃漬1天＋烹飪1小時

🔥 難易程度　高級

八珍烤雞名氣響亮，超夠味的燒雞內塞滿了各式食材，深受人們喜愛。可惜如今卻不易找到它的蹤影，但它的美味和營養不該被遺忘。給家中長輩做一隻八珍烤雞賀壽，包準壽星會笑開懷，孩子們也會愛上的！

● 材料 ●

黃油雞	1隻
香菇	6朵
水發木耳	適量
筍丁	適量

● 配料 ●

燉料：

枸杞子	5克	紅蔘	2克
陳皮	2克	小茴香	2克
黃耆	4克	靈芝	3克
天麻	3克	豆蔻	3克

調味料：

料理米酒	3大匙
生薑	1小塊
醬油	100毫升
濃醬油	2小匙

炒料：

鹽	1小匙
細砂糖	1大匙
花生油	適量

1 將燉料中的所有香料及中藥材過水清洗一下，放入鍋中。

2 加入調味料，再加入2公升清水。大火燒開後轉小火煮約5分鐘，關火，待湯汁冷卻。

3 黃油雞洗淨，放入八珍湯中浸泡，封上保鮮膜，置於冰箱儲藏24小時。使用時提前1小時取出回溫。

4 香菇及木耳泡發後清洗乾淨，切小塊；筍片清洗乾淨，切小塊。

5 炒鍋內加花生油，倒入香菇、木耳及筍丁，大火爆炒，加鹽和白砂糖調味。

6 將炒好的三丁塞入雞腹，用繩子將全雞捆結實。

7 放入燒至七分熱的油鍋內，炸至表皮略呈金黃色，撈出瀝乾油分。

8 烤箱預熱至180℃，烤盤包裹錫箔紙，將炸好的全雞放入，置於中下層，烘烤30分鐘左右，剁塊，搭配炒好的蔬菜裝盤即可。

普羅旺斯烤雞
來自蔚藍海岸的味道

🕐 烹飪時間　1小時45分鐘

🔥 難易程度　簡單

● 特色 ●

烤雞隨處可見並不稀奇，但是以法國南部普羅旺斯地區出產的綜合香料製作而成的烤雞，一定能給你耳目一新的感覺，在家宴客時端上這道菜，一定超有面子。

營養說明

法國南部的普羅旺斯盛產香草，混合的香料是由小茴香、迷迭香、百里香、羅勒、薰衣草等組成，不僅能為食物增添迷人的香氣，還具有調理腸胃、改善人體血液循環、鎮靜安神等作用。

TIPS

- 醃漬黃油雞的容器不宜過大，這樣醬料才能高高地淹過雞肉。
- 用來烤雞的烤箱切忌過小，否則距離上加熱管過近會導致雞肉烤糊；如果只有小型烤箱，也可提前將雞分割成小塊再烘烤。
- 切掉的雞脖和雞爪可以用保鮮袋包好放入冰箱冷凍，之後用來燉高湯。

● 材料 ●

黃油雞　　　1隻

● 配料 ●

普羅旺斯綜合香料	奶油	30克
適量	白砂糖	1大匙
陳醋	2大匙	料理米酒	3大匙
雞粉	2大匙		

1 黃油雞洗淨，用鑷子仔細處理未清理乾淨的雞毛，切掉雞脖和雞爪，晾乾水分。

2 將雞粉、白砂糖、陳醋、料理米酒混合均勻，攪拌至白砂糖溶化。

3 將步驟2調好的醬料倒入小盆中，放入清理好的黃油雞，醃漬半小時。

4 將雞翻面，繼續醃漬半小時。

5 烤箱預熱至220℃，烤盤鋪好錫箔紙，將奶油放入烤盤，融化成液體後，晃動烤盤使奶油均勻布滿錫箔紙。

6 將醃好的黃油雞放入烤盤，醃醬也一併倒入。

7 撒上適量的普羅旺斯香料，送入烤箱中層，烘烤約20分鐘。

8 戴上隔熱手套，取出烤盤放於隔熱墊上，用筷子輔助，將雞翻面，再撒上一些普羅旺斯香料，送回烤箱繼續烘烤20分鐘即可。

照燒烤雞腿
品嚐濃郁的東瀛風味

- ⏱ 烹飪時間　1小時
- 🔥 難易程度　中等

● 特色 ●

「照燒」是日本人創造的著名調味法，因香甜、濃郁的口感風靡全球，備受食客們的推崇。以照燒醬做好的料理，表面呈現耀眼的光澤，像太陽的光芒照射其上，故此得名。

● 材料 ●

雞腿	2隻

● 配料 ●

鹽	1/2小匙	蜂蜜	2大匙
醬油	1/2大匙	料理米酒	3大匙
五香粉	1小匙	去皮白芝麻	1大匙

TIPS

如果覺得去骨太麻煩，可在購買雞腿時，請商家代為剁成小塊也可以。

1 雞腿洗淨，用廚房紙巾吸去多餘水分。

2 用小刀剔去骨頭，僅保留雞肉和雞皮。

3 雞皮朝下，用肉錘將雞腿肉略微拍散。

4 將雞肉放入碗中，加入鹽、五香粉和料理米酒醃漬半小時。

5 醬油與蜂蜜混合調勻成照燒醬。

6 烤箱預熱至210℃；烤盤包裹錫箔紙。

7 放入雞腿肉，雞皮朝上，醃醬也一併倒入，再包裹上另一層錫紙，送入烤箱中層，烘烤25分鐘。

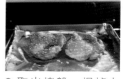

8 取出烤盤，揭掉上層的錫箔紙，撒上去皮白芝麻，將烤箱僅開上火，調溫至180℃，繼續烘烤5分鐘即可。

紐奧良烤雞翅

無添加，更健康

- 烹飪時間：醃漬12小時+烹飪30分鐘
- 難易程度：簡單

● 特色 ●

噴香嫩滑又多汁的紐奧良烤雞翅，無論大人小孩都非常喜愛。這款紐奧良烤雞翅不使用市售配好的醃製調味料，而是用常規調味料來醃漬入味，美味之餘也更加健康。

● 材料 ●

雞翅中段	12隻

● 配料 ●

濃醬油	1小匙	細砂糖	1大匙
花椒粉	1/2小匙	蜂蜜	2大匙
醬油	2大匙	雞粉	1/2小匙
五香粉	1/2小匙	現磨黑胡椒	適量
紅酒	3大匙	薑粉	1/2小匙
番茄醬	2大匙		

TIPS

- 市面上有非常方便的現成紐奧良醃料，但如果有時間，還是推薦自製調味醬，更加健康。
- 雞翅在醃漬過程中可翻一次面，以確保味道更加均勻。

1 雞翅中段洗淨，用廚房紙巾吸去多餘水分。

2 用小刀在表面劃幾道小口。

3 在大碗中將除蜂蜜外的所有配料倒入，攪拌均勻。

4 將雞翅放入碗中，覆蓋上保鮮膜，冷藏醃漬12小時以上。

5 將雞翅中段提前1小時取出回溫；烤箱預熱200℃；烤盤包裹錫箔紙。

6 將雞翅中段鋪在烤盤上，醃醬也一併倒入。

7 用毛刷沾取蜂蜜，刷在雞翅中段上，送入烤箱中層，烘烤10分鐘。

8 取出，翻面，在反面也刷上一層蜂蜜，送回烤箱，繼續烘烤10分鐘即可。

蜜汁錫箔紙棒棒腿

只嚼你口，不沾你手

🕐 烹飪時間　90分鐘

🔥 難易程度　簡單

● 特色 ●

蜜汁棒棒腿的美味無須贅述，嚐過的人都印象深刻，但是黏稠的湯汁總是讓人吃得很糾結：用筷子夾著吃不過癮，用手拿著又會沾黏。其實只要花點巧思，問題就能迎刃而解！

營養說明

雞肉含有豐富的卵磷脂、維生素，蛋白質含量高且極易消化。中醫認為，雞肉有溫中益氣、補虛填精、健脾胃、活血脈、強筋骨的功效。

TIPS

- 如果沒有雞粉，可用醬油代替。
- 如果能提前一晚醃漬，放入密封盒置於冰箱過夜，則口感會更好。
- 醃醬剛剛烤乾即是最佳的烘烤時間；出爐後可補撒一些去皮白芝麻。

● 材料 ●

棒棒腿	6隻

● 配料 ●

雞粉	1大匙	去皮白芝麻	1大匙
食用油	少許	料理米酒	2大匙
蜂蜜	2大匙		

1 棒棒腿洗淨，用鑷子處理雞毛，瀝乾水分。

2 將雞粉、蜂蜜、料理米酒調和成醬汁。

3 將棒棒腿放入盆中，倒入步驟2調好的醬汁，醃漬半小時左右。

4 將錫箔紙裁切成長約10公分、寬約3公分的長條。

5 烤箱預熱至210℃；烤盤包裹錫箔紙，塗抹一層食用油防沾黏。

6 將棒棒腿的根部纏繞錫箔紙，捏緊收口，擺放在烤盤中，倒入剩下的醬汁。

7 在烤盤中撒上去皮白芝麻，將棒棒腿翻面，另一面也撒上芝麻。

8 放入烤箱中層，烘烤35分鐘即可，中途戴上隔熱手套取出烤盤，將棒棒腿翻面以確保烘烤的火候均勻。

黑胡椒彩蔬烤雞胸
解饞不發胖

🕐 烹飪時間　50分鐘
🔥 難易程度　簡單

● 特色 ●

你是否也發現，越是想減肥的時候，食慾越是旺盛？其實只要吃對食物，根本不需要挨餓。富含蛋白質的雞肉，搭配多種蔬菜，不僅吃得飽足又過癮，還不會發胖哦！

● 材料 ●

| 雞胸肉 | 1塊 | 青椒 | 1個 |
| 胡蘿蔔 | 半根 | 小馬鈴薯 | 1個 |

● 配料 ●

| 橄欖油 | 2大匙 | 料理米酒 | 2大匙 |
| 鹽 少許 | | 現磨黑胡椒 | 適量 |

TIPS

• 雞胸肉一定要整塊烘烤，烤好出爐後再切分食用，否則口感會又乾又柴。
• 配菜可根據個人喜好選擇，蘑菇、杏鮑菇、青花菜等都很速配。

1 雞胸洗淨，用廚房紙巾吸乾水分，放入保鮮盒中，倒入料理米酒，醃漬片刻。

2 青椒去蒂去籽，洗淨，切成一口大小。

3 胡蘿蔔洗淨去根，斜切成薄片。

4 馬鈴薯洗淨去皮，切成1公分的小塊。

5 烤箱預熱至210℃，烤盤包裹錫箔紙，刷上一層橄欖油。

6 將醃漬好的雞胸肉連同料理米酒一併倒入，擺放在烤盤中間位置，在雞胸上再刷一層橄欖油。

7 將配菜擺放在雞胸肉四周，撒上少許鹽和現磨黑胡椒。

8 放入烤箱中層，烘烤35分鐘即可，期間可取出將雞肉翻面，使火侯更均勻。

特色

烤鴨堪稱中式餐飲的代表之作,無論是從小吃到大的我們,還是第一次品嚐的老外,無一不沉迷於它甜、香、脆、嫩互相交織充滿層次感的口味。試著在家自製一道簡易版的京式烤鴨胸,一定能收穫滿滿的成就感!

材料

鴨胸	2塊

配料

料理米酒	2大匙	五香粉	1小匙
白砂糖	1大匙	蜂蜜	2大匙
濃醬油	2小匙	蠔油	1大匙
鹽	1小匙	甜麵醬	適量

TIPS

鴨肉在烘烤時會出油,所以烤盤的錫箔紙一定要包裹好,不能僅鋪一層在烤盤上,如此可讓之後的清洗省事很多。

京式烤鴨胸
簡易版的北京烤鴨

🕐 烹飪時間　醃漬12小時＋烹飪40分鐘
🔥 難易程度　簡單

1 鴨胸洗淨,用廚房紙巾吸乾水分。

2 在方形密封盒內加入除蜂蜜和甜麵醬之外的所有配料,攪拌均勻。

3 將鴨胸放入密封盒,置於冰箱冷藏室醃漬12小時以上,中途可取出翻面一次。

4 將醃漬好的鴨胸提前1小時從冰箱取出回溫;烤箱預熱至200℃;烤盤包裹錫箔紙。

5 將鴨胸肉放入烤盤,鴨皮朝上,醃醬一併倒入烤盤,放進烤箱中層烘烤約15分鐘。

6 取出烤盤,用毛刷刷厚厚一層蜂蜜,放回烤箱繼續烘烤15分鐘即可。出爐稍微冷卻後切片,沾甜麵醬食用。

Part 3

鲜嫩
烤海鲜

Best Roasted
Fish & Seafood

酥烤白帶魚
換種吃法品嚐白帶魚

🕐 烹飪時間　35分鐘
🔥 難易程度　簡單

● 特色 ●

提起白帶魚，大部分人馬上能想到油炸和紅燒兩種做法，這次換種口味吧，試試用烤箱烘烤，用油更少，更加健康，味道卻不打折扣嘟！

● 材料 ●

新鮮白帶魚	2條

● 配料 ●

鹽	1/2小匙	生薑	1小塊
香蔥	3棵	白胡椒粉	1/2小匙
醬油	1/2大匙	食用油	2大匙
大蒜	3瓣	豆瓣醬	2大匙
料理米酒	1大匙		

TIPS

豆瓣醬有原味和辣味兩種，購買時可依據個人口味選擇。

1 新鮮白帶魚洗淨，瀝乾水分，用廚房剪刀剪成約6公分的小段，頭尾丟棄不要。

2 將白帶魚段放入容器中，加入料理米酒、醬油、鹽和白胡椒粉，翻勻，醃漬片刻。

3 大蒜去皮洗淨，用壓蒜器壓成蒜蓉；香蔥洗淨切成蔥花；生薑洗淨，剁成薑末。

4 取豆瓣醬，加入等量清水調勻，留少許蔥花，放入其餘的蔥薑蒜，拌勻成醬汁。

5 烤箱預熱至180℃；烤盤包裹錫箔紙，刷上食用油防沾黏。

6 將醃漬好的白帶魚段放入烤盤平鋪，用毛刷刷上步驟4調好的醬汁。

7 放入烤箱中層，烘烤約10分鐘。

8 取出烤盤，將白帶魚翻面，將剩餘醬汁刷在另一面，繼續放入烤箱烘烤10分鐘，取出後撒上步驟4留下的蔥花即可。

日式秋刀魚
原汁原味，自然真味

⏱ 烹飪時間　50分鐘
🔥 難易程度　簡單

● 特色 ●

正宗的日式秋刀魚，講求還原食材最質樸的味道：僅用白醋去腥，鹽提味，一點點油分用來滋養魚肉，簡簡單單，就能征服味蕾。

● 材料 ●

秋刀魚	4條

● 配料 ●

白醋	1大匙
海鹽	適量
橄欖油	1大匙

TIPS

正宗的日式秋刀魚切忌開膛破肚，要整條連內臟一併烘烤。吃完的秋刀魚僅剩魚頭和主刺。由於秋刀魚捕撈時會造成魚膽破裂，因此吃到心膽部位時會有略微的苦味，但這也正是日式烤秋刀魚的精華味道。

1 秋刀魚用清水洗淨，並用廚房紙巾吸乾多餘水分。

2 用白醋塗抹整條秋刀魚。

3 將海鹽研磨在秋刀魚的兩面，醃漬30分鐘。

4 醃漬快完成時，將烤箱預熱至220℃，並將烤盤包裹錫箔紙，用刷子刷上1大匙橄欖油防沾黏。

5 將醃漬好的秋刀魚整齊擺放在烤盤內，送入烤箱中層烘烤8分鐘。

6 取出烤盤，將秋刀魚翻面，送回烤箱繼續烘烤8分鐘即可。

茄汁烤土魠魚

烹飪時間　40分鐘
難易程度　中等

做份土魠魚給父母

● 特色 ●

在海濱城市青島，一直有兒女逢年過節給父母送土魠魚的習俗，代表對父母的孝心。而父母則會忙著將土魠魚做成餃子，招待孩子。今天，不如做一份茄汁烤土魠魚端上父母的餐桌，讓他們換種口味，樂享天倫。

● 材料 ●

土魟魚	1條
番茄	2個

● 配料 ●

鹽	1小匙
白砂糖	1大匙
蔥	1根
大蒜	4瓣
生薑	1小塊
番茄醬	3大匙
食用油	3大匙

營養說明

土魟魚肉質細膩、味道鮮美，含豐富的蛋白質、維生素、鈣等營養元素，有益氣補血、平喘止咳、提神抗衰的作用，對貧血、早衰、營養不良、產後虛弱和神經衰弱等有一定食療效果。

TIPS

• 出爐後可依據個人口味選擇，加少許香菜來提味。
• 製作這道菜時也可以放一些配菜，例如燙過的芹菜等。

1 土魟魚處理乾淨，切成1公分厚的魚片。

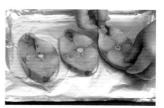

2 烤盤包裹錫箔紙，刷上1大匙食用油，把魚片整齊地擺放入烤盤內。

3 番茄洗淨去蒂，切成小塊。

4 大蔥洗淨去根，切成蔥花；大蒜去皮洗淨，用壓蒜器壓成蒜蓉；生薑洗淨切末。

5 炒鍋燒熱，加入2湯匙食用油，留一半的蒜蓉和少許綠蔥花，將剩餘的蔥薑蒜末倒入爆香。

6 倒入切碎的番茄，加入鹽、白砂糖，中火翻炒1分鐘；加入番茄醬，中火繼續翻炒1分鐘。

7 烤箱預熱至200℃；將炒好的番茄汁淋一半在烤盤內，送入烤箱中層，烘烤10分鐘。

8 取出烤盤，將土魟魚翻面，淋上剩餘的番茄汁，繼續烘烤10分鐘。取出後撒上步驟5留下的蒜蓉和蔥花即可。

蜜汁水針魚
美味的小魚乾

⏱ 烹飪時間　**50分鐘**
🔥 難易程度　**簡單**

● 特色 ●

水針魚，體形小巧，價格實惠。閒暇時，不妨做上一大份蜜汁馬步魚，既可以下飯，也可以放入密封盒置於冰箱，當作解饞的小零食。

● 材料 ●

水針魚	10條

● 配料 ●

料理米酒	2大匙	白砂糖	1小匙
白胡椒粉	1/2小匙	蜂蜜	2大匙
鹽	1/2小匙	醬油	2大匙
食用油	3大匙		

TIPS

烤好的水針魚也可依據個人口味點綴少許白芝麻。也可在蜂蜜中混合一點甜辣醬，或撒少許辣椒粉。

1 水針魚去除頭部和內臟，洗淨，瀝乾水分。

2 將料理米酒、鹽、白砂糖、白胡椒粉和醬油混合調勻，倒入水針魚中，醃漬30分鐘。期間注意翻拌一次，以便醃漬均勻。

3 醃漬差不多時，烤箱預熱至200℃，烤盤包裹錫箔紙。

4 在錫箔紙上倒上1湯匙食用油，用小刷子刷均勻。

5 將水針魚擺放進烤盤內，刷一層油，再刷一層蜂蜜。

6 放入烤箱中層，烘烤8分鐘。

7 取出烤盤，將水針魚翻面，再刷一層油，一層蜂蜜。

8 放回烤箱，烘烤8分鐘即可取出。

香烤鮭魚頭
味鮮肉嫩，停不了口

🕐 烹飪時間　35分鐘

🔥 難易程度　簡單

● 特色 ●

都知道鮭魚非常鮮美，營養價值高，但是價格卻不那麼實惠，往往一塊中段就要上百元。如果用來燒烤，何不試試鮭魚頭？營養味道都一樣，卻平價很多，而且魚頭還更加入味呢！

● 材料 ●		● 配料 ●	
鮭魚頭	1個	海鹽	適量
		食用油	3大匙
		現磨黑胡椒	適量
		檸檬	1/4個

TIPS

除了鮭魚頭之外，鮭魚骨也可以烤著吃，價格與鮭魚肉相比簡直是驚喜，有的賣鮭魚的小販甚至免費贈送。

1 鮭魚頭洗淨，用廚房紙巾吸乾水分。

2 將鮭魚頭對半剖開。

3 在鮭魚頭的兩面都撒上少許海鹽。

4 烤箱預熱至220℃，烤盤包裹錫箔紙。

5 在錫箔紙上倒1湯匙食用油，用小刷子刷均勻。

6 將鮭魚頭擺放上去，刷上一層食用油。

7 撒上適量的現磨黑胡椒，放入烤箱中層，烘烤15分鐘。

8 取出烤盤，將鮭魚翻面，再刷上一層食用油，撒上一些黑胡椒，放回烤箱中層烘烤15分鐘，食用時根據口味擠上檸檬汁。

法式鮭魚
香氣四溢超誘人

🕐 烹飪時間　35分鐘
🔥 難易程度　中等

● 特色 ●

提起鮭魚，好像大家都會聯想到日式刺身。其實，法國人發明的烤鮭魚別有一番滋味：檸檬的酸、鮭魚的鮮、香料的濃，混在一起，聞一下就能讓人沉醉其中。

鮭魚富含優質蛋白質和 ω-3 不飽和脂肪酸，有助於降低血脂。所含豐富的 DHA 和 EPA 還對兒童腦神經發育和視覺發育有著重要的影響。雖然鮭魚經常製成生魚片食用，但出於食品安全考慮，建議最好加熱食用。此外，適度加熱更有利於蛋白質的消化吸收。

TIPS

• 如果買不到新鮮迷迭香，可用乾燥的迷迭香或混合法式香草來代替。

• 海鹽口感相對清淡，不像日常的鹽那樣過鹹。如果烤好後覺得味道太淡，也可以在食用時補撒一些。

• 這道菜也完全可用整條鮭魚製作，製作時將檸檬片先擺一部分在下方，再放上整條的鮭魚中段，上方撒鹽和黑胡椒，點綴迷迭香，剩餘的檸檬片對半切開，擺放在側面即可。

● 材料 ●

帶骨鮭魚片　　500克

● 配料 ●

檸檬	1個	新鮮迷迭香幾根
大蒜	3瓣	海鹽	適量
橄欖油	2大匙	現磨黑胡椒適量

1 鮭魚片洗淨，用廚房紙巾吸乾多餘水分。

2 檸檬洗淨，切成薄片。

3 大蒜洗淨去皮，切成薄薄的蒜片。

4 迷迭香洗淨，瀝乾水分，剪成3公分的段。

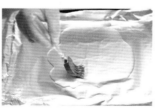

5 烤箱預熱至210℃；烤盤上鋪一大張錫箔紙（可包下所有食材），刷上橄欖油。

6 將鮭魚片和檸檬片、大蒜片穿插擺放。

7 依照個人口味，研磨適量的現磨海鹽和黑胡椒在鮭魚上，點綴迷迭香葉子，把錫箔紙包裹好。

8 送入烤箱中層，烘烤20分鐘即可。

烤鱸魚

鹹香好下飯

🕐 烹飪時間　**40分鐘**
🔥 難易程度　**中等**

● 特色 ●

宋朝詞人范仲淹的名句「江上往來人，但愛
鱸魚美」，早已將鱸魚的鮮美刻畫淋漓。吃
膩了清蒸、紅燒，不妨試試用錫箔紙包裹烘
烤，魚肉的鮮味和水分牢牢鎖住其中，讓你
一嚐難忘。

● 材料 ●

| 鱸魚 | 1條 |
| 芹菜 | 1小根 |

● 配料 ●

鹽	1小匙
料理米酒	3大匙
食用油	適量
地瓜粉	2大匙
生薑	1小塊
大蒜	半顆
大葱	半根
豆瓣醬	2大匙
紅剁椒	1大匙
蒸魚豉油	2大匙
白砂糖	大匙

營養說明

鱸魚富含蛋白質、維生素B群、鈣、鋅、硒等營養元素，具有補肝腎、益脾胃、化痰止咳等功效，可治胎動不安、產後少乳等症，對孕婦和哺乳期媽媽們非常有益，既能補身，又不發胖。

TIPS

• 烤好後的鱸魚可根據個人口味選擇是否撒香菜調味。
• 芹菜也可替換成洋葱等蔬菜。

1 鱸魚去鱗去鰓，清理內臟，沖洗乾淨。

2 在魚身兩側用小刀斜切三四刀，放入盆中，將鹽、料理米酒調勻倒入盆中，醃漬5分鐘後翻面，繼續醃漬。

3 芹菜去根去葉，洗淨後切成小丁；大蒜洗淨去皮，用壓蒜器壓成蒜蓉；生薑留一小部分薑頭位置，剩下的剁成薑末；大葱切成葱花。

4 炒鍋燒熱，用留下的薑頭擦拭炒鍋內側，可防止煎魚時黏鍋。

5 油燒至五成熱；將鱸魚瀝去水分，兩側都拍上地瓜粉再放入鍋中，煎或炸至金黃色，撈出瀝乾油分。

6 炒鍋中僅保留少許食用油，放入葱、薑、蒜末和豆瓣醬炒香，再加入芹菜丁和剁椒翻炒。

7 加入蒸魚豉油、白砂糖，再加入適量清水燒開，然後放入炸好的鱸魚燒5分鐘（注意翻面）。

8 烤箱預熱至200℃，烤盤上放一大張錫箔紙（足夠包裹整個鱸魚），將鱸魚放在錫箔紙正中，剩下的材料撒在魚身上，將錫箔紙包裹緊實，放入烤箱中層，烘烤10分鐘即可。

日式烤鰻魚
東瀛風味，盡收盤中

🕐 烹飪時間　35分鐘
🔥 難易程度　中等

● 特色 ●

烤鰻魚是非常傳統的日式料理，在日本，世世代代專門經營烤鰻魚的店就有很多家，手藝代代相傳，食客百年相繼。之所以日式烤鰻能夠譽滿全球，大概就是這份匠心，將鰻魚的美味發揮到了極致吧！

● 材料 ●

鰻魚	1條

● 配料 ●

醬油	2大匙
濃醬油	1/2小匙
料理米酒	1大匙
鹽	1/2小匙
白砂糖	1大匙
蔥	半根
生薑	1小塊
食用油	1大匙
洋蔥	1個
叉燒醬	3大匙
去皮白芝麻	2大匙

營養說明

鰻魚富含維生素A和維生素E，對預防視力退化、保護肝臟、恢復精力有很大益處。它還富含EPA和DHA，可降低血脂、抗動脈硬化，為大腦補充必要的營養素。

TIPS

洋蔥可達到隔離魚皮與烤盤，防沾黏的作用，也能為烤鰻魚增添特殊的香氣。烤好後的洋蔥可當作配菜食用，也可丟棄。以紫皮洋蔥為佳。

1 將去除內臟後的鰻魚清洗乾淨，放入開水中氽燙30秒後撈出。

2 將燙好的鰻魚撈出，放入冷水中浸泡1分鐘，然後洗淨鰻魚身上的黏液。

3 將洗好的鰻魚平放在砧板上，從尾部平行下刀，沿脊骨方向往前切割，即可得到整片的去骨鰻魚肉。另外一面也相同處理。

4 將去骨的鰻魚肉切成3段。

5 將醬油、濃醬油、鹽、白砂糖、料理米酒混合拌勻成醬汁，蔥薑切片，與鰻魚肉一起放入醬汁中醃漬片刻。

6 烤盤包裹錫箔紙，刷上食用油備用；洋蔥去皮去根，洗淨，先對切，再切成細絲，均勻地鋪在烤盤內。

7 烤箱預熱至200℃，將醃漬好的鰻魚用牙籤橫向固定，防止變形。魚皮朝下魚肉朝上，鋪在洋蔥上。

8 入烤箱中層，烘烤8分鐘，取出後刷上一層叉燒醬，撒上脫皮白芝麻，送回烤箱，再烘烤7分鐘即可。

川香烤魚
麻麻辣辣，欲罷不能

⏱ 烹飪時間　90分鐘
🔥 難易程度　高級

● 特色 ●

熱力十足的麻辣烤魚，彷彿一夜之間紅遍了全國，能與燒烤一較高下。

● 材料 ●

魚	1條	青椒	1個
西芹	3小根	馬鈴薯	1個
蓮藕	1節	胡蘿蔔	1根

● 醃料 ●

鹽	1小匙	醬油	1大匙
料理米酒	2小匙	白胡椒粉	1小匙

● 配料 ●

花生油	1000毫升	花椒	1大匙
蔥白（切段）	1根	豆瓣醬	2大匙
地瓜粉、乾辣椒		蒜瓣（去皮拍鬆）	
	各適量		1顆
生薑片	6片	香菜段	適量

TIPS

烤魚搭配的蔬菜沒有固定，完全按照季節和個人口味即可。

1 魚刮去魚鱗，去除內臟，從腹部剖開，背部相連，劃出刀口，放入大盆中。

2 將醃料調勻，淋在魚上，兩面分別醃漬15分鐘。

3 醃漬期間處理各種蔬菜：洗淨、切成適口的小塊。

4 炒鍋燒熱，加2湯匙花生油，再加入乾辣椒和花椒，然後加豆瓣醬炒香。

5 倒入蔬菜，大火爆炒1分鐘，關火備用。

6 醃漬好的魚取出，瀝乾水分，拍上地瓜粉。

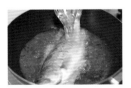

7 炒鍋內加入花生油，燒至七分熱（手掌置於油面上方10公分處有明顯灼熱感），將魚放入，大火炸2分鐘，撈出瀝乾油分備用。

8 烤箱預熱200℃，烤盤包裹錫箔紙；將蔥白、薑片和大蒜平鋪在烤盤內。放上魚，將蔬菜連同炒菜的湯汁一併倒入，放入烤箱中層，以200℃烘烤25分鐘。出鍋後撒上香菜段即可。

● 特色 ●

比目魚是近年來餐桌上新進的食材，無刺又方便烹調，上到老人，下到周歲寶貝，都能吃得放心又營養。以蜂蜜和檸檬調味的比目魚，酸酸甜甜，尤其開胃。

檸檬比目魚
酸甜開胃又減脂

- 🕐 烹飪時間　35分鐘
- 🔥 難易程度　簡單

● 材料 ●

比目魚	1片
檸檬	半個

● 配料 ●

蜂蜜	1/2大匙
橄欖油	1大匙
蠔油	1/2大匙
料理米酒	1大匙
現磨黑胡椒	適量

TIPS

- 如果沒有蜂蜜，也可以用1大匙的白砂糖代替。
- 除了黑胡椒，也可以撒百里香等自己喜歡的香料。

1 比目魚解凍，洗去冰屑，用廚房紙巾吸乾水分。

2 檸檬洗淨，切成薄片。

3 烤香預熱至200℃，在烤盤內放入一大張錫紙，塗抹橄欖油。

4 在錫箔紙中央擺放上一排檸檬片。

5 在檸檬片上放上魚，將錫箔紙四周稍微摺起。

6 將蜂蜜、料理米酒、蠔油調和均勻，倒在比目魚上。

7 撒上適量的現磨黑胡椒。

8 將錫箔紙包好，送入烤箱中層，烘烤25分鐘即可。

迷迭香烤鱈魚
沉浸在香草的味道中

- 🕐 烹飪時間　25分鐘
- 🔥 難易程度　中等

● 特色 ●

經過焗烤的鱈魚，點綴上零星的迷迭香，提味又不失本味，是非常推薦的做法。

● 材料 ●

鱈魚	1塊

● 配料 ●

食用油	1大匙	現磨黑胡椒	適量
大蒜	1顆	鹽	1/2小匙
奶油	20克	乾燥迷迭香	適量

TIPS

鱈魚本身就有淡淡的海水鹹鮮味，因此不宜添加過多的調味料，更不宜加入有色調味料。

1 鱈魚洗淨，用廚房紙巾吸乾多餘水分。

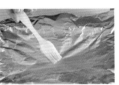

2 烤盤內放一大張錫紙，周圍略微摺高，倒入1湯匙食用油，用小刷子刷均勻。

3 將鱈魚放在烤盤內，在鱈魚的兩面塗抹上薄薄的一層鹽，再撒上適量的乾燥迷迭香，醃漬片刻。

4 大蒜去皮洗淨，用壓蒜器壓成蒜蓉。

5 炒鍋內加入奶油，開小火使奶油融化。

6 倒入蒜蓉，加入適量的現磨黑胡椒。

7 炒至奶油開始起細密的泡泡，香味濃郁時即可關火。

8 烤箱預熱至180℃；將炒好的奶油蒜蓉淋在鱈魚上，用錫箔紙把鱈魚包裹好，送入烤箱烘烤15分鐘即可。

五香烤鯽魚
今天鯽魚不做湯

🕐 烹飪時間：35分鐘
🔥 難易程度　中等

● 特色 ●

這麼好吃的魚類，當然不止熬湯這一種做法。撒上五香粉，送入烤箱，等待一份有滋有味的烤鯽魚出爐吧！

● 材料 ●

鯽魚	1條

● 配料 ●

料理米酒	3大匙	五香粉	1大匙
豆瓣醬	4小匙	蔥白（切碎）	1根
白醋	1大匙	香蔥	1小把
鹽	1/2小匙	新鮮紅尖椒	3個
生薑	2小塊	白砂糖	1/2大匙
蒸魚豉油	2大匙	食用油	5大匙
大蒜（剁蓉）	1顆		

TIPS

除了五香粉，還可使用十三香，或混合花椒粉與白胡椒粉使用。

1 鯽魚去除魚鱗、魚鰓和內臟，清洗乾淨，在兩側斜切三四個刀口。

2 取1小塊生薑洗淨，切成薑絲；將料理米酒、白醋調成醃醬，放入鯽魚，兩面分別醃漬5分鐘。

3 取另1小塊生薑洗淨，剁成薑末；紅尖椒去蒂洗淨，切成細碎的辣椒圈。

4 炒鍋燒熱，加入4湯匙食用油，放入豆瓣醬炒出香味。

5 將蔥薑蒜和辣椒末倒入炒鍋中，翻炒1分鐘；加入白砂糖、鹽和蒸魚豉油調味。

6 烤箱預熱200℃，烤盤放一大張錫箔紙，刷1大匙的食用油防沾黏；將五香粉抹在鯽魚兩面，放在錫箔紙正中央。

7 將炒好的調味料淋在鯽魚上，再包裹好錫箔紙，送入烤箱中層，烘烤20分鐘。

8 香蔥去根洗淨，切成蔥花，待鯽魚烤好後，從烤箱取出，打開錫箔紙，撒上蔥花即可。

葱香銀鯧魚
包著烤，更香嫩

🕐 烹飪時間　40分鐘
🔥 難易程度　高級

鯧魚肉質鮮美，刺也非常少，是非常受大眾喜愛的魚類之一。用錫箔紙包裹的方式來烤製，相較於傳統烹飪方法，可避免攝取過多的油脂，同時也能封存住魚肉中的水分，使得肉質更加鮮嫩。

● 材料 ●

銀鯧魚	1條
蔥白	1根

● 配料 ●

鹽	1/2小匙
白砂糖	1小匙
醬油	1/2大匙
蒸魚豉油	2小匙
生薑	1小塊
食用油	3大匙
花椒	1大匙
香菜	1小把

營養說明

原產於亞馬遜河的銀鯧魚，雖然外形與食人魚相似，但是性情溫和，不具攻擊性，每百克肉中含蛋白質15.6克，肉嫩刺少，對於消化不良、筋骨酸痛、貧血等病症有輔助療效，尤其適合老年人和兒童食用。

TIPS

喜歡辣味的，可在爆花椒時一併放入幾個掰開的乾朝天椒即可。

1 銀鯧魚洗淨，去鱗、鰓和內臟，並用刀在魚身兩面劃出菱形的方塊。

2 蔥白洗淨，切成5公分長的蔥絲；生薑洗淨，切成小片；香菜去根，洗淨，切成碎末。

3 烤箱預熱至210℃，烤盤內放一大張錫箔紙（足夠包裹整條魚），倒上1大匙食用油，用小刷子刷均勻。

4 薑片鋪在錫箔紙中央，將銀鯧魚放在薑片上。

5 將鹽、白砂糖、醬油和蒸魚豉油調和均勻，將錫箔紙的四周摺起，將調味醬倒在魚身上。

6 將2/3切好的蔥白絲撒在魚的四周，再用錫箔紙包裹好，送入烤箱，烘烤20分鐘。

7 魚烤好後從烤箱取出，掀開錫箔紙，將剩下的1/3蔥白絲放在魚身上。

8 炒鍋燒熱，倒入2湯匙食用油，放入花椒爆香後，將花椒撈出丟棄，再將熱油從蔥絲上淋下去，最後點綴切碎的香菜末。

祕製烤魷魚
健康自製，更加好吃

⏱ 烹飪時間　25分鐘
🔥 難易程度　簡單

● 特色 ●

魷魚鮮嫩彈牙，低熱量，高蛋白，價格親民，是非
常受大眾喜愛的食材。而最受歡迎的做法，肯定
是烤魷魚無疑。不同於烤羊肉串，烘烤魷魚時，一
定要塗滿濃濃的醬汁才更加可口。現在跟著這份食
譜，自己在家用烤箱製作一份鮮美香濃的烤魷魚，
和親朋好友一起分享吧！

● 材料 ●

魷魚　　　　　　2只

● 配料 ●

生薑	1小塊
大蒜	3瓣
甜麵醬	1大匙
韓式辣醬	1大匙
醬油	1大匙
香蔥	2根
食用油	1大匙
去皮白芝麻	1大匙
孜然粉	適量

營養說明

魷魚富含鈣、磷、鐵，有助於骨骼發育和改善貧血；除了富含蛋白質，還含有大量的牛磺酸，可降低血液中的膽固醇含量，緩解疲勞，改善肝臟功能。

TIPS

如果沒有竹籤，也可以將魷魚剪成小塊，在內部稍微劃出細密的方格紋路，直接放入烤盤內烤。刷醬的時候直接把醬汁倒入，翻拌均勻即可進行下一步操作。

1 生薑剁碎，用一點點清水浸泡。

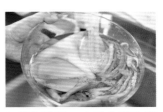

2 魷魚洗淨，去除內臟和頭部、尾部的骨膜、徹底清洗魷魚鬚部吸盤部位。

3 將魷魚鬚和魷魚頭切下，用竹籤串起來，剩下的魷魚也用竹籤串好。

4 將泡好的生薑水刷一遍在魷魚上。

5 大蒜去皮洗淨，壓成蒜蓉，加入甜麵醬、韓式辣醬和醬油，拌勻。

6 香蔥去根洗淨，切成蔥花。

7 烤箱預熱至220℃，烤盤包裹錫箔紙，刷一層食用油，放入魷魚串，烤10分鐘。

8 取出魷魚，在正反面刷滿步驟5的醬汁，撒上蔥花和去皮白芝麻，繼續放入烤箱烤3～5分鐘，出爐後撒上適量的孜然粉即可。

XO醬烤小花枝
鮮上加鮮

- ⏱ 烹飪時間　醃漬1小時＋烹煮25分鐘
- 🔥 難易程度　簡單

● 特色 ●

XO醬以火腿、瑤柱等數種名貴食材製成，最初僅限於香港一些高級酒家使用，後來才走進百姓廚房。以XO醬醃製的小小花枝，肉質彈牙，烤汁香濃，可謂是鮮上加鮮。

● 材料 ●

冷凍小花枝　　　500克

● 配料 ●

料理米酒	2大匙
醬油	2小匙
生薑	1小塊
大蒜	半顆
食用油	1大匙
XO醬	2大匙
香蔥	1小把

營養說明

小花枝含有豐富的蛋白質，滋味鮮美，遠在唐代中國就有食用墨魚的記載。中醫認為小花枝具有壯陽健身、益血補腎、健胃理氣的功效，女性食用，能養血、通經、安胎、利產、止血、催乳等。

TIPS

• 如果購買的是新鮮的小花枝，需要處理乾淨內臟、墨汁和眼睛。
• 如果時間允許，醃漬過夜味道更佳。

1 冷凍小花枝提前解凍，沖洗乾淨冰屑，仔細檢查內臟是否還有未清理乾淨的部分；清洗後瀝乾水分備用。

2 生薑洗淨切片；大蒜去皮洗淨切片。

3 將料理米酒和醬油混合均勻，放入洗淨的小花枝和蒜薑片，醃漬1小時以上。期間不斷翻拌確保醃漬均勻。

4 烤箱預熱至200℃，烤盤包裹錫箔紙，並刷上一層食用油。

5 將醃漬好的小花枝連同醃醬和薑蒜一併倒入烤盤中，放入烤箱中層烘烤10分鐘。

6 取出烤盤，均勻地用湯匙淋上XO醬，放入烤箱繼續烘烤5分鐘。

7 香蔥洗淨去根，切成碎末。

8 在烤好的小花枝上撒上香蔥末即可。

開背五彩蝦
五彩繽紛，喜氣洋洋

🕐 烹飪時間　30分鐘
🔥 難易程度　中等

● 特色 ●

將普通的大蝦，精細加工，開背去沙線，整齊擺盤，點綴五顏六色的香料，端上餐桌，頓生喜慶的感覺。

● 材料 ●

大蝦	8只

● 配料 ●

大蒜	1顆	鹽	1小匙
白砂糖	1小匙	新鮮朝天椒	2個
花生油	2大匙	醬油	1小匙
黑胡椒粉	1/2小匙	香葱	2根

TIPS

如果買不到新鮮的朝天椒，也可用紅泡椒來代替，超市調味品櫃有售。如果不喜歡吃辣，還可換成紅甜椒切成的碎末來做為點綴。

1 大蝦洗淨，剪去蝦尾，在蝦頭身相連處上方下剪，剪開2/3。

2 從蝦背一直剪到頭部的開口處，將蝦背分開攤平。挑出蝦線，沖洗乾淨。

3 開好背的蝦從兩側分別剪三四個小口，防止蝦肉在烘烤過程中回縮。

4 大蒜洗淨去皮，壓成蒜蓉。

5 炒鍋燒熱，加入2湯匙花生油，倒入蒜蓉後轉小火，炒出香味即可關火。

6 加入鹽、醬油、白砂糖、黑胡椒粉翻炒均勻，再加入2湯匙清水，大火翻炒1分鐘，成蒜蓉醬。

7 新鮮朝天椒洗淨，用廚房紙巾吸乾水分，切成細小的辣椒圈；香葱洗淨去根，切成細碎的葱花。

8 烤箱預熱180℃，烤盤包裹錫箔紙，放入大蝦，在蝦背上用小湯匙堆放蒜蓉醬，點綴辣椒圈，入烤箱烘烤15分鐘，取出後撒上香葱碎即可。

● 特色 ●

粉嫩鮮美的蝦仁，碧綠柔軟的櫛瓜，還有勾人食慾的橙紅色胡蘿蔔，三樣食材完美搭配在一起，即有顏值，又有營養。

● 材料 ●

大蝦仁	200克
櫛瓜	半根
胡蘿蔔	1小根

● 配料 ●

鹽	1小匙
料理米酒	1大匙
橄欖油	3大匙
海鹽	適量

TIPS

• 只放鹽的彩蔬蝦仁串可品嚐到食物的原味，也可按照個人口味加些黑胡椒粉，或淋些醬汁再食用。

• 購買蝦仁時一定要選擇足夠大的，不然經過烘烤會嚴重縮水，影響口感和外觀。

串烤彩蔬蝦仁
美味健康串起來

🕐 烹飪時間　30分鐘
🔥 難易程度　簡單

1 蝦仁解凍後用清水沖洗乾淨，瀝乾水分，加入1大匙料理米酒醃漬片刻。

2 胡蘿蔔洗淨，切去根部，切成厚約1公分的片，再用蔬菜壓模壓成小花朵狀。

3 起鍋燒一鍋清水，加入1小匙鹽，放入胡蘿蔔花朵，改小火煮3分鐘。

4 將煮好的胡蘿蔔花朵撈出瀝乾水分備用。

5 櫛瓜切去根部，切成2公分的方塊。

6 烤箱預熱至200℃，烤盤包裹錫箔紙，刷上一層薄薄的橄欖油（1湯匙量）。

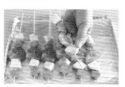

7 取竹籤，將櫛瓜塊、胡蘿蔔花朵和蝦仁交插串好，整齊擺放入烤盤內。

8 將剩下的橄欖油用刷子刷在彩蔬蝦仁串的兩面，撒上適量的海鹽，送入烤箱中層，烤15分鐘即可。

避風塘烤蝦

油少味足更健康

🕐 烹飪時間：25分鐘
🔥 難易程度：簡單

● 特色 ●

在香港銅鑼灣，每逢颱風季節，漁民們就將船隻停泊入港躲避颱風。由於數天都不能出海捕魚，漁民們只能吃剩下的海鮮。漁民利用油炸、濃重調味的烹飪方式，去除不新鮮的味道，慢慢發展成了避風塘菜系。今天我們用烤箱烘烤代替重油炒製，既保留了避風塘的味道，又減少了用油量，更加健康。

營養說明

蝦肉肉質鮮美，營養豐富，有補腎壯陽、養血固精、化瘀解毒、通絡止痛、開胃化痰等功效，特別適合腎虛氣乏、筋骨疼痛和神經衰弱的族群食用。

TIPS

• 麵包粉有白色和金色兩種，建議購買金色，烤出來會更加好看。
• 如果使用冷凍蝦仁，盡量購買個頭較大、冰殼較少的蝦仁。

● 材料 ●

大蝦	30只
麵包粉	200克

● 配料 ●

蛋白	1個	鹽	1小匙
大蒜	1顆	乾辣椒	2個
黑胡椒粉	1小匙	食用油	3大匙
花椒	1大匙		

1 大蝦去頭去殼，僅留尾部，挑去蝦線，洗淨瀝乾水分。

2 蛋白中加入黑胡椒粉和1/2小匙鹽，將處理好的蝦仁放入，翻拌均勻，醃漬片刻。

3 大蒜去皮洗淨，用壓蒜器壓成蒜蓉；乾辣椒掰碎。

4 炒鍋燒熱，加入3湯匙食用油，將花椒、蒜蓉、乾辣椒放入爆香。

5 加入麵包粉和1/2小匙鹽，翻炒均勻，關火備用。

6 烤箱預熱至210℃，烤盤包裹錫箔紙。

7 將炒好的麵包粉倒入烤盤，醃漬好的蝦仁擺放在麵包糠上，晃動烤盤，使蝦仁裹滿麵包糠。

8 放入烤箱中層，烘烤15分鐘即可。

椒鹽蝦蛄
鹹香入味又肥美

- 🕐 烹飪時間　30分鐘
- 🔥 難易程度　中等

● 特色 ●

雖然蝦蛄相較於普通的蝦，剝殼的難度大了許多，卻依然阻擋不了人們對它的熱愛。即便費勁辛苦，但在品嚐到蝦肉的一瞬間，還是會心情愉悅得想跳舞。

● 材料 ●

蝦蛄	500克

● 配料 ●

花椒	1大匙
鹽	1小匙
食用油	2大匙

TIPS

現做的椒鹽香氣特別濃郁，但是如果嫌麻煩，也可直接購買市售椒鹽粉來代替。

1 花椒放入微波爐可用容器中，放入微波爐，中高火加熱1分鐘，取出放涼備用。

2 蝦蛄洗淨，放入滾水中汆燙1分鐘，撈出瀝乾水分。

3 用廚房剪刀剪去頭尾的刺、所有的蝦腳，並剪去腹部的軟殼。

4 烤盤包裹錫箔紙，刷上1湯匙食用油，將蝦蛄腹部朝上，整齊擺入烤盤內。

5 將步驟1已經放涼的花椒放入料理機內，打成花椒粉，加入1小匙鹽成椒鹽粉。

6 烤箱預熱至200℃；將剩餘的食用油淋在烤盤內的蝦蛄上。

7 均勻地撒上椒鹽粉末。

8 送入烤箱中層，烘烤10分鐘即可。

122

● 特色 ●

原產於中南美洲和墨西哥的大龍蝦，體形碩大，肉質鮮美，是頂尖餐廳的摯愛。其實只要用對方法，價格實惠的冷凍龍蝦也可變身為星級餐廳的奢華菜品！

● 材料 ●

冷凍對切龍蝦	1只
檸檬	半個
莫札瑞拉起司絲	
	100克

● 配料 ●

奶油	20克
海鹽	適量
現磨黑胡椒	適量
法式混合香草	適量

檸汁起司焗龍蝦

五星級奢華享受

🕐 烹飪時間　25分鐘

🔥 難易程度　簡單

TIPS

• 活的澳洲龍蝦處理起來比較麻煩，不建議非專業廚師烹飪。可從大型超市的冷凍貨櫃直接購買冷凍對切好的龍蝦，烹飪方便，口感也不差。

• 如果購買的是整塊的莫札瑞拉起司，可用刨絲器將起司刨成細絲，或切成小塊再使用。

1 將冷凍對切龍蝦自然解凍，略為沖洗一下，用廚房紙巾吸乾多餘水分。

2 烤箱預熱至200℃，烤盤包裹錫箔紙。

3 奶油放入微波爐可用容器中，中高火30秒融化。

4 將奶油倒入烤盤，用毛刷刷均勻；將龍蝦切面朝上擺放在烤盤內。

5 在蝦肉上擠上大部分的檸檬汁（留少許不要擠乾淨，備用）。

6 撒上薄薄一層海鹽及黑胡椒。

7 在蝦肉上放上莫札瑞拉起司絲，撒上適量的法式混合香草。

8 放入烤箱中層烘烤15分鐘，至起司融化即可取出，食用前再擠上剩餘的檸檬汁即可。

麻辣龍蝦球

肉質Q彈，上癮的美味

🕐 烹飪時間　**1小時**

🔥 難易程度　**簡單**

● 特色 ●

不知從什麼時候開始，街邊實惠又好吃的小龍蝦，一瞬間身價暴漲，少少的份量，一個人吃都嫌不過癮。掌握了這份食譜，買上兩斤小龍蝦，自己做上一大份，吃得過癮又省錢！

小龍蝦能夠適應汙染環境，在於它有良好的排毒減毒機制，它能把重金屬轉移到外殼，然後透過不斷蛻皮把毒素排出體外，目前研究顯示，小龍蝦中的重金屬大多集中在蝦鰓、內臟和蝦殼中，因此食用蝦肉無需太過擔心。小龍蝦體內的蛋白質含量很高，還富含多種礦物質以及蝦青素，能保護心血管系統、防止動脈硬化。

TIPS

• 花椒及辣椒的用量僅為建議用量，可依據個人口味自行調整。

• 市售的鮮活小龍蝦處理起來極為麻煩，可選購已經處理好的小龍蝦會方便很多。或也可加少許費用請店家代勞。

• 烤好後可依據個人口味選擇是否添加一些香菜來提味。

● 材料 ●

| 新鮮小龍蝦 | 1公斤 |

● 配料 ●

乾朝天椒	50克	醬油	2大匙
鹽	1小匙	生薑	1小塊
花椒	30克	食用油	2大匙
白砂糖	1/2大匙	大蒜	1顆
大蔥	1棵		

1 大蔥洗淨去根，斜切成蔥段；生薑洗淨切片；大蒜去皮洗淨，用壓蒜器壓成蒜蓉。

2 炒鍋燒熱，加入食用油，放入朝天椒、花椒，以及蔥薑蒜，爆炒出香味。

3 加入鹽、白砂糖和醬油，繼續翻炒均勻後關火。

4 小龍蝦洗淨，用小牙刷仔細刷乾淨小龍蝦的腹部。

5 將小龍蝦倒入步驟3炒好的調味料中，翻拌均勻，醃漬半小時以上。

6 烤箱預熱至180℃，烤盤包裹錫箔紙。

7 將小龍蝦以及所有調味料放入烤盤內，平鋪均勻。

8 送入烤箱中層烘烤20分鐘即可。

爆汁海瓜子
烤足兩斤才過癮

⏱ 烹飪時間　浸泡1小時＋烹煮20分鐘
🔥 難易程度　簡單

● 特色 ●

海瓜子非常鮮美，處理簡單，烹製容易，價格又特別實惠，是大眾喜愛的食材。用外食一小盤的價格，不妨去市場採購兩斤，用烤箱烤上一大盤，邊看球賽邊解饞吧！

● 材料 ●

海瓜子　　　　1公斤

● 配料 ●

鹽	少許	甜麵醬	1/2小匙
醬油	1/2大匙	大蒜	半顆
香油、料理米酒		豆瓣醬	1/2小匙
	各1大匙	蠔油	1大匙
白砂糖	1小匙	番茄醬	1大匙
蔥白	1小段		

TIPS

購買海蛤時盡量挑選鮮活的（會吐水），尤其是夏天。烤出後沒有開口的海瓜子是死蛤，請不要食用。

1 將海瓜子放入淡鹽水中，在水裡加1大匙香油，浸泡1小時讓海瓜子吐沙。

2 烤盤包裹好錫箔紙。

3 將海瓜子撈出，瀝乾水分，放入烤盤內。

4 蔥白切成細絲；大蒜洗淨去皮，切成蒜片，撒入烤盤中。

5 烤箱預熱220℃，料理米酒、蠔油、醬油、白砂糖、甜麵醬、豆瓣醬、番茄醬和1大匙清水混合調勻成醬汁，淋在烤盤內。

6 送入烤箱，烘烤15分鐘即可。

● 特色 ●

生蠔號稱「天上地下第一鮮」，在地中海沿岸，漁民們甚至直接食用剛從礁石上撬下的生蠔，以獲得最原始的鮮味。當這麼美味的食材，搭配辛香的黑胡椒和濃郁的蒜蓉，有誰能夠抗拒呢？

黑胡椒大蒜烤生蠔
大自然賞賜的絕佳鮮味

🕐 烹飪時間　25分鐘
🔥 難易程度　簡單

● 材料 ●

| 生蠔 | 8顆 |
| 大蒜 | 2顆 |

● 配料 ●

奶油	10克
花生油	2大匙
鹽	1/2小匙
醬油	1/2大匙
現磨黑胡椒	適量

TIPS

炒蒜蓉時千萬不可用大火，因為後續還要經過高溫烘烤，如果炒到金黃色再送入烤箱，味道會發苦，大大影響口感。

1 烤盤包裹好錫箔紙；生蠔洗淨，瀝乾水分。

2 大蒜洗淨，去皮，用壓蒜器壓成蒜蓉。

3 炒鍋燒熱，加入奶油、花生油，倒入蒜蓉後轉小火，炒1分鐘左右。

4 加入鹽、醬油調味，關火備用。

5 烤箱預熱至200℃，將生蠔擺放在烤盤上，將炒好的蒜蓉放在蠔上，依照個人口味撒上適量的現磨黑胡椒。

6 蓋上一層錫箔紙，送入烤箱中層，烤10分鐘後拿出，揭掉上層覆蓋的錫箔紙，續烤3～5分鐘即可。

蒜蓉粉絲烤扇貝

海中珍品，盤中美餐

⏱ 烹飪時間　50分鐘
🔥 難易程度　中等

● 特色 ●

扇貝是異常鮮美的貝類，與蒜蓉粉絲一同烹製，不僅顏值頗高，吃起來也更加滿足，三種食材的和諧搭配，帶來極富層次感的品嚐體驗。

● 材料 ●

扇貝	6枚
粉絲	1小把
大蒜	1顆

● 配料 ●

生薑	1小塊
料理米酒	1小匙
醬油	1/2大匙
濃醬油	1/2小匙
蒸魚豉油	1小匙
食用油	2大匙
小紅泡椒	2個
香蔥	1根

營養說明

扇貝肉質鮮美，營養
豐富，它的閉殼肌乾
製後即是「干貝」。
扇貝富含蛋白質、核
黃素、鈣、磷、鋅等
營養物質，能夠健腦
明目、潤腸護膚、活
血抗癌。還含一種特
殊物質，能夠有效抑
製體內膽固醇的合
成，保護心腦血管。

TIPS

若不喜歡薑蓉的味
道，也可僅在醃漬步
驟加入幾個薑片，
之後用純蒜蓉來製
作，一樣好吃。

1 將扇貝肉和殼分離，貝肉處理乾淨（去掉沙包、抽去黑線），貝殼也洗刷乾淨。

2 大蒜去皮洗淨，壓成蒜蓉；生薑也剁成薑蓉。

3 洗淨的貝肉放入小碗，加入料理米酒，和1/5的蒜蓉、薑蓉，醃漬10分鐘。

4 粉絲用熱水泡軟；小紅泡椒切成泡椒圈；香蔥洗淨切成蔥花。

5 將蒸魚豉油、醬油、濃醬油一起放在小碗內；撈出泡軟的粉絲，瀝乾水分，放入調味料碗中拌勻。

6 烤盤包裹錫箔紙，將貝殼擺放好，卷起一小撮粉絲，放入貝殼，然後放上醃好的貝肉。

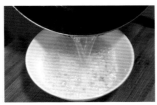

7 剩餘的蒜蓉和薑蓉混合好放入小碗內，食用油燒熱後淋上，拌勻。

8 烤箱預熱至200℃；將油熗蒜薑蓉用小湯匙輔助放在扇貝上，點綴切碎的紅泡椒圈，放入烤箱烘烤20分鐘，取出後撒上蔥花即可。

蒜香帶子

鮮香肥美，停不下嘴

🕐 烹飪時間　浸泡1小時＋烹煮30分鐘
🔥 難易程度　中等

● 特色 ●

帶子肉質肥美，價格也不貴。而在諸多
烹飪方法中，以蒜香燒製最為提味。將
肥美的帶子和炒得噴香的蒜蓉一起送入
烤箱，鮮美香濃的滋味，還未烤好就讓
人垂涎欲滴了。

● 材料 ●

| 帶子 | 3個 |
| 大蒜 | 2顆 |

● 配料 ●

奶油	30克
鹽	1/2小匙
醬油	1/2大匙
蒸魚豉油	1/2大匙
新鮮朝天椒	2個
香蔥	2根

營養說明

帶子高蛋白、低脂肪、易消化，是晚餐的極佳選擇。帶子中含有被稱為「代爾太7-膽固醇」和「24-亞甲基膽固醇」的物質，具有降低血清膽固醇的作用，可抑製膽固醇在肝臟合成和加速排泄膽固醇。

TIPS

如果烤的數量比較多，而烤盤又比較小，可將長長的帶子殼修剪小一些，以方便擺放。

1 帶子浸泡1小時後，沖洗3遍，去除黑色部分的內臟。

2 烤盤包裹錫箔紙，將帶子擺放在烤盤上。

3 大蒜洗淨，去皮，用壓蒜器壓成蒜蓉。

4 炒鍋內加入奶油，開小火慢慢融化，然後倒入蒜蓉翻炒1分鐘左右。

5 加入鹽、醬油和蒸魚豉油，翻拌均勻，關火。

6 新鮮朝天椒洗淨去蒂，切成細細的小圈；香蔥去根洗淨，切成香蔥碎。

7 烤箱預熱至200℃，將帶子擺放在烤盤上，再將炒好的蒜蓉放在帶子上，並點綴一點朝天椒。

8 放入烤箱中層，烘烤20分鐘，取出後撒上香蔥碎即可。

葱油焗淡菜
翡翠貽貝青葱鮮

⏱ 烹飪時間　20分鐘
🔥 難易程度　簡單

淡菜，學名翡翠貽貝，渤海地區稱為「海虹」，乾製後稱為「淡菜」，肉質肥美，廣受世界各國食客的喜愛。以中式蔥花煉油調味，西式烤箱焗烤，中西合璧，滋味非常美妙。

營養說明

淡菜貝不僅肉質鮮美，有著海水淡淡的鹹鮮味，還富含蛋白質，能夠提高人體免疫力、利尿消腫、補腎虛、祛脂降壓，對體弱、畏寒、腰酸等有明顯的食療效果。

TIPS

- 如果使用新鮮淡菜，需要先放入開水中汆燙一下使殼打開，再進行後續操作，注意燙的時間不能過久，一開殼馬上撈出。
- 現榨蔥油味道最鮮，所以要把握好時間，在焗烤結束前的一兩分鐘再榨取蔥油，以獲得最佳口感。

● 材料 ●

| 冷凍淡菜貝 | 8只 |
| 香蔥 | 100克 |

● 配料 ●

食用油	4大匙
醬油	4小匙
酒釀	2大匙

1 將冷凍淡菜用流動的清水解凍並洗去表面雜質；除去內側纖毛（已處理好的淡菜貝可略過此步驟）。

3 將醬油和酒釀混合均勻，用小湯匙淋在淡菜上。

5 烘烤期間準備蔥油：香蔥去根洗淨，切成蔥花。

7 用漏勺撈出蔥花，僅保留蔥油，待淡菜焗烤好後馬上淋在淡菜貝上。

2 烤箱預熱至180℃，烤盤包裹錫箔紙，將淡菜整齊擺放在烤盤內。

4 送入烤箱中層，烘烤10分鐘。

6 炒鍋燒熱，加入食用油，加熱到開始冒煙的程度，關火，放入2/3切好的蔥花。

8 點綴剩下的1/3的蔥花即可。

咖哩烤雪蟹鉗

咖哩正濃，蟹鉗正肥

- 烹飪時間　40分鐘
- 難易程度　中等

● 特色 ●

雪蟹鉗是一款難得的好食材，價格適中，肉質鮮美，烹製食用都很方便，做出的成品還顯得高端大氣上檔次。利用現成的咖哩膏，稍經加工，就能做出一份香濃無比又艷驚四座的拿手菜。

● 材料 ●

冷凍雪蟹鉗	500克
塊狀咖哩	100克
洋蔥	1個

● 配料 ●

香葱	1把
椰漿	100毫升
食用油	2大匙

營養說明

咖哩起源於印度，
「咖哩」一詞來源於
泰米爾語，是「許多
的香料加在一起煮」
的意思，除了能增加
食物色香味之外，還
能促進胃酸分泌，令
人胃口大增，同時更
能令食物保存更久。

TIPS

購買塊狀咖哩時請
依據個人口味選擇
辣度，辣度標識一
般位於包裝正面。

1 將冷凍雪蟹鉗自然解凍，
用清水略微沖洗乾淨，瀝乾
水分備用。

2 洋蔥去皮去根，洗淨後切
成半圓形的洋蔥絲。

3 炒鍋燒熱，加入食用油，
然後倒入洋蔥絲略微翻，關
火，盛出備用。

4 另起小鍋，加入椰漿，小
火加熱至微微沸騰，放入咖
哩塊，攪拌至咖哩塊完全化
開，關火。

5 烤箱預熱至190℃，烤盤
包裹錫箔紙，將炒好的洋蔥
絲倒進錫箔紙中。

6 將雪蟹鉗擺放在洋蔥絲
上，淋上熬好的椰漿咖哩
汁。

7 覆蓋上另外一張錫箔紙，
四周包裹緊實，送入烤箱中
層，烘烤25分鐘。

8 香葱去根洗淨，切成葱
花；雪蟹鉗烤好取出後，將
上層錫箔紙劃開十字口，撕
開，撒上葱花即可。

黑胡椒起司焗烤雪蟹鉗

香濃起司遇上蟹的鮮美

🕐 烹飪時間　50分鐘

🔥 難易程度　中等

● 特色 ●

《紅樓夢》中林黛玉讚蟹「螯封嫩玉雙雙滿，殼凸紅脂塊塊香」。肥美鮮嫩的蟹肉，配上香濃的奶酪，經一番旺火焗烤，又會是怎樣的誘人滋味呢？

營養說明

蟹肉中含有豐富的蛋白質、磷、鐵和磷脂等，是秋季養生必不可少的食療大餐，美味與養生兩不誤。《本草綱目》記載：螃蟹具舒筋益氣、理胃消食、通經絡、散諸熱、散瘀血之功效。但要注意，蟹肉與柿子不宜同吃，否則容易引致嘔吐、腹痛等。

TIPS

購買蟹鉗時，請盡量選擇已經剝去部分蟹殼的蟹鉗，這樣不僅更易入味，食用起來也更加方便。

● 材料 ●

| 冷凍雪蟹鉗 | 500克 |

● 配料 ●

橄欖油	1大匙
現磨黑胡椒	適量
喜馬拉雅玫瑰鹽	適量
黑胡椒醬	2大匙
奶油	20克
莫札瑞拉起司	100克

1 冷凍的雪蟹鉗放在流動的清水下解凍。

3 將處理好的雪蟹鉗整齊地放在烤盤內。

5 黑胡椒醬加3大匙清水調勻。

2 烤盤包裹好錫箔紙，刷上一層橄欖油。

4 烤箱預熱至190℃；奶油放入微波爐中融化成液體。

6 將融化的奶油淋在蟹鉗上，撒上少許喜馬拉雅玫瑰鹽，然後淋上黑胡椒醬。

7 莫札瑞拉起司切碎，撒在蟹鉗上，撒上適量的現磨黑胡椒。

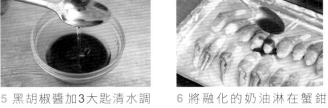

8 將烤盤送入烤箱中層，烘烤15分鐘，待起司完全融化並出現金黃色的斑點即可。

137

Main Course
Recipes

海鮮披薩（12吋）

品嚐大海的鮮味

🕐 烹飪時間　1小時
🔥 難易程度　中等

● 特色 ●

海鮮披薩特別鮮美，
但在披薩店內往往也
價格高昂。有了這份
食譜，你就可以在家
自製實惠的海鮮披
薩，一次吃個過癮！

● 材料 ●

中筋麵粉	300克
水	180克
鹽	2克
橄欖油、奶油	各10克
番茄	1個
洋蔥	半個
冷凍青豆	100克
青椒	1個
蝦仁、魷魚圈	各100克
莫札瑞拉起司絲	100克

● 配料 ●

鹽、橄欖油	各少許
酵母粉	6克
披薩草	少許

營養說明

披薩草又名牛至葉，用於食療方面，可以增強消化系統的功能。

TIPS

• 處理青椒時，用手指按住青椒蒂的外緣，向青椒內推入後再拔出，即可連蒂帶籽取出；用帶鋸齒的鋒利小刀輕輕劃動切割，不要向下壓，即能切出漂亮的青椒圈。

• 擺放食材時可隨意凌亂，也可將青椒圈與魷魚圈交錯擺放，再撒入其餘食材，做出與眾不同的獨家花樣披薩。

1 180克水加熱至35℃，撒入酵母粉，攪拌均勻。

2 加入中筋麵粉、鹽及橄欖油，揉勻成麵糰，用保鮮膜蓋好，靜置15分鐘。

3 番茄去蒂洗淨，切碎；洋蔥去皮去根，洗淨，切碎。

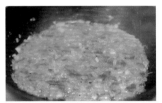

4 炒鍋燒熱，放入奶油，倒入番茄和洋蔥，撒少許鹽，大火爆炒1分鐘後轉中火，把湯汁收到濃稠後關火。

5 將步驟2醒好的麵糰用擀麵棍排氣，擀成與披薩盤相同大小的圓餅，使周邊略厚，中間薄，可用手輔助整形。

6 披薩盤刷上少許橄欖油防黏，鋪上麵餅，放入烤箱網架上，於底部放一碗開水，關上門，靜置20分鐘等待發酵。

7 冷凍青豆、蝦仁與魷魚圈洗去冰屑，瀝乾水分；蝦仁挑出蝦線；青椒洗淨，去蒂去籽，切成青椒絲。把烤箱中的水碗和披薩盤取出，預熱至210℃。

8 將步驟4炒好的披薩醬均勻塗抹在披薩底坯上，鋪上青椒絲和魷魚圈、蝦仁、青豆、披薩草、莫札瑞拉起司絲，烤箱中層烘烤20分鐘，至表面奶酪變成淡淡的金黃色即可。

培根玉米蘆筍披薩（12吋）

美色當前，垂涎欲滴

🕐 烹飪時間　1小時
🔥 難易程度　中等

● 特色 ●

粉紅色的培根，金黃色的玉米，碧綠的蘆筍，豔麗的色彩讓人還未品嚐就食指大動，迫不及待要把這滿盤繽紛吃下去了！

● 材料 ●

中筋麵粉	300克	培根	8片
水	180克	蘆筍	200克
鹽	2克	橄欖油、奶油	各10克
番茄	1個	冷凍玉米粒	50克
洋蔥	半個	莫札瑞拉起司絲	100克

● 配料 ●

鹽、披薩草	各少許
酵母粉	6克
現磨黑胡椒	適量
橄欖油	少許

營養說明

蘆筍含硒量高於一般蔬菜，可防癌抗癌，抗老防衰。

TIPS

• 酵母與鹽切記不可接觸，否則會嚴重影響酵母的活性，所以務必遵守步驟1、2的每一個動作。

• 烤箱內放一碗開水是為了使麵糰發酵達到最佳濕度和溫度，如室溫達到25℃以上，也可僅在披薩盤上包好保鮮膜，靜置25～30分鐘，繼續後面的步驟。

• 沒有蘆筍，也可用其他蔬菜，如青椒、青豆等，但是不能選擇水分過多的蔬菜。

1 180克水加熱至35℃，撒入酵母粉，攪拌均勻。

3 番茄去蒂洗淨，切碎；洋蔥去皮去根，洗淨，切碎。

5 將步驟2醒好的麵糰用擀麵棍排氣，擀成與披薩盤相同大小的圓餅，注意周邊略厚，中間薄，可用手輔助整形。

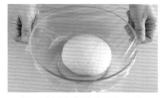

2 加入材料中的麵粉、鹽、橄欖油，揉勻成麵糰，用保鮮膜蓋好，靜置15分鐘。

4 炒鍋燒熱，放入奶油，倒入番茄和洋蔥，撒少許鹽，大火爆炒1分鐘後轉中火，把湯汁收濃關火。

6 披薩盤刷上少許橄欖油防黏，鋪上麵餅，放入烤箱網架，於烤箱底部放一碗開水，關上烤箱門，靜置20分鐘待麵餅發酵。

7 培根沿短邊切成寬約1公分的小片；蘆筍以15°夾角斜切成寬約1公分的小段；冷凍玉米粒洗淨瀝乾。

8 把烤箱中的水碗和披薩盤取出，預熱至210℃；將步驟4炒好的比薩醬塗抹在披薩底坯上，鋪上培根、蘆筍、玉米粒、現磨黑胡椒、披薩草、莫札瑞拉起司絲，入烤箱中層，烘烤20分鐘左右，至起司變成淡淡的金黃色即可。

蘑菇雞肉黑胡椒披薩（12吋）

披薩界的黃金組合

🕐 烹飪時間　1小時

🔥 難易程度　中等

營養說明

蘑菇富含維生素D、麥硫因、硒等營養元素，能夠抗癌、抗氧化、抗病毒，並預防骨質疏鬆。

TIPS

• 做完步驟1後，靜置3～5分鐘，觀察是否有小氣泡產生於水面，如果沒有則證明酵母已經失效或活性降低，做出的披薩底會發酵失敗，影響口感。

• 　披薩底坏時，會出現反覆回縮的情況，只需要將麵餅翻面再擀就能解決。

• 放入披薩盤整形面餅時，用手輔助，從中間往四周推，即可做到中間薄，周圍厚。

● 材料 ●

中筋麵粉	300克	奶油	10克
水	180克	橄欖油	10克
鹽	2克	雞胸肉	200克
番茄	1個	莫札瑞拉起司絲	
洋葱	半個		100克
蘑菇	200克		

● 配料 ●

鹽	少許
酵母粉	6克
現磨黑胡椒	適量
披薩草	少許
橄欖油	少許

1 180克水加熱至35℃，撒入酵母粉，攪拌均勻。

2 加入材料中的麵粉、鹽、橄欖油，揉成麵糰，蓋保鮮膜，放15分鐘。

3 番茄去蒂洗淨，切碎；洋葱去皮去根，洗淨，切碎。

4 炒鍋燒熱，放入奶油，倒入番茄和洋葱，撒少許鹽，大火爆炒1分鐘後轉中火，把湯汁收濃關火。

5 步驟2醒好的麵糰用擀麵棍排氣，擀成與披薩盤相同大小的圓餅，注意周邊略厚，中間薄，可用手輔助整形。

6 披薩盤刷上少許橄欖油防黏，鋪上麵餅，放入烤箱網架，於烤箱底部放一碗開水，關上門，靜置20分鐘待麵餅發酵。

7 蘑菇去梗，洗淨，瀝乾水分，切成薄片；雞胸肉洗淨，瀝乾水分，切成小塊。

8 把烤箱中的水碗和披薩盤取出，預熱至210℃；將步驟4炒好的比薩醬塗抹在披薩底坯上，鋪上蘑菇和雞肉、現磨黑胡椒、披薩草、莫札瑞拉起司絲，入烤箱中層，烘烤20分鐘，至起司變成淡淡的金黃色即可。

法式香片

烤出法式風情

🕐 烹飪時間　15分鐘

🔥 難易程度　簡單

法棍麵包是法國的代表食物，在法國，上到米其林星級餐廳，下至尋常百姓家，一道簡簡單單的法式烤香片都是必備的主食，而且做起來超級容易！

營養說明

法式長棍麵包的配方很簡單，只用麵粉、水、鹽和酵母四種基本原料，通常不加糖，不加奶粉，不加或幾乎不加油，小麥粉未經漂白，不含防腐劑。法棍富含碳水化合物，能補充能量，由於是發酵食品，也更易於消化吸收。

TIPS

如果買不到新鮮歐芹，可用乾燥的歐芹碎代替，用量減少到3～5克即可。

● 材料 ●

法棍	1根
大蒜	3瓣
新鮮歐芹	10克
奶油	30克

● 配料 ●

鹽	適量

1 法棍以60°夾角斜切成厚約1.5公分的薄片。

3 將剝好的蒜瓣放入壓蒜器壓成蒜泥。

5 奶油放入小碗中，微波爐加熱1分鐘，融化成液體狀。

7 烤箱預熱至220℃，用毛刷沾取步驟6的奶油香料汁刷在切好的法棍切面上。

2 大蒜洗淨，用刀拍鬆，去皮。

4 歐芹洗淨，瀝乾水分，切成碎末。

6 將歐芹碎和蒜泥放入奶油中，可根據個人口味略微加一些鹽，也可不加做成原味，佐餐用。

8 放入烤箱中層，烘烤5～10分鐘，至散發出濃郁的香氣，略呈金黃色即可。

奶香蘭姆葡萄司康
來自蘇格蘭高地的傳說

🕐 烹飪時間　1小時
🔥 難易程度　中等

● 特色 ●

相傳在英國維多利亞時期，一位名叫安娜‧羅塞爾德的公爵夫人，仿照皇室加冕處的一塊被稱為司康之石的石頭，創作出了這款簡潔快速且美味的點心。

● 材料 ●

葡萄乾	30克	泡打粉	5克
蘭姆酒	30克	細砂糖	15克
奶油	30克	牛奶	60毫升
低筋麵粉	125克		

● 配料 ●

鹽少許　（約1克）

TIPS

• 配方中的葡萄乾也可根據個人口味換成蔓越莓乾等自己喜歡的果乾。
• 泡打粉最好選用無鋁配方的，吃起來才健康，對人體無害。

1 葡萄乾用清水洗淨，再用廚房紙巾吸乾水分，放入密封盒，倒入蘭姆酒浸泡半小時。

2 將低筋麵粉、泡打粉、細砂糖和少許鹽倒入盆中，用刮刀混合均勻。

3 將奶油切成1公分的小方塊，放入步驟2的盆中。

4 用手將奶油和麵粉搓成顆粒狀，類似粗沙的狀態。

5 一點點加入牛奶，邊加入邊用刮刀輔助攪拌，直至牛奶全部被吸收，沒有乾粉。

6 將步驟1泡好的葡萄乾加入步驟5，注意保留一點蘭姆酒汁備用。

7 用手將葡萄揉入麵糰內，使麵糰呈現基本光滑的狀態，擀成厚約2公分的圓餅，再切成八個均等的扇形。

8 將步驟6剩餘的朗姆酒汁用毛刷刷在麵坯表面，將麵坯放入烤盤，烤箱預熱到190℃。置於烤箱中層烘烤15分鐘即可。

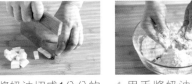

黑胡椒洋蔥培根司康
鹹香口味愛好者的福音

🕐 烹飪時間　1小時
🔥 難易程度　中等

● 特色 ●

對於不喜歡吃甜食的人來說，這款小點心真是解饞的好選擇：既有麵包的鬆軟，又充溢著滿口的鹹香。

● 材料 ●

培根	2片
洋蔥	1/4個
高筋麵粉	125克
酵母粉	3克
純水	60克
奶油	30克

● 配料 ●

橄欖油	1小匙
鹽	2克
現磨黑胡椒	適量
生蛋黃	1個

TIPS

不同於上一個食譜，這款司康是英式傳統發酵型司康。司康的食譜千變萬化，簡易的搭配守則就是快發型：泡打粉＋低筋麵粉；發酵型：酵母粉＋高筋麵粉。

1 洋蔥去皮，切去根部，洗淨，取1/4，放入切碎機切成碎粒；培根解凍後切成碎粒。

2 炒鍋燒熱後加入橄欖油，倒入洋蔥粒和培根粒，中火翻炒1分鐘，撒適量的現磨黑胡椒，關火備用。

3 將麵粉和鹽倒入盆中混合；奶油切成1公分的小方塊，放入盆中。

4 用手將奶油和麵粉搓成顆粒狀，類似粗沙的狀態。

5 純水加熱至35℃，撒入酵母粉，攪拌均勻，倒入步驟4的盆中。

6 用手將麵糰揉至沒有乾粉的狀態，加入步驟2炒好的洋蔥培根粒，揉勻，蓋好保鮮膜靜置5分鐘。

7 再次將麵糰揉至光滑，擀成2公分厚的圓形，切成8個扇形，送入烤箱，於烤箱底部放置一碗開水，關上烤箱門，待30分鐘發酵。

8 待麵糰發至兩倍大，取出烤盤和水碗，烤箱預熱190℃，將蛋黃液刷在司康表面，烘烤15分鐘至表面金黃。

149

酥烤饅頭片
簡易饅頭片自己做

🕐 烹飪時間　冷藏1晚＋烹飪35分鐘
🔥 難易程度　簡單

● 特色 ●

相信很多長輩都特別喜愛烤饅頭片的味道，那是屬於他們的美食記憶。當你家中有了烤箱，烤出一份香香脆脆的饅頭片，別提多容易了，還可控製油、鹽的分量，簡單又健康！

● 材料 ●

饅頭	2個	橄欖油	30克

● 配料 ●

鹽	少許
五香粉／孜然粉／咖哩粉	適量

TIPS

盡量選用較為硬實的大饅頭，而不是那種很軟的低價小饅頭，這樣烤出的饅頭片形狀和口感都會更好。健康的全麥饅頭也是很好的選擇。

1 饅頭提前一晚放入冰箱冷藏，使麵粉老化。

2 將冷藏後的饅頭切成厚約0.5公分的薄片。

3 將饅頭片擺放在烤網上；烤箱預熱至150℃。

4 用毛刷沾取橄欖油，薄薄刷在饅頭片上。

5 撒上適量的鹽、五香粉（或孜然粉、咖哩粉）。

6 放入烤箱，烘烤30分鐘，之後不要打開烤箱，繼續留在裡面利用餘溫使饅頭片乾燥得更充分。

80後的童年美食記憶中，鍋巴必定佔有一席之地。鹹鹹香香脆脆，最適合邊看電視邊吃。利用剩飯製作一份香脆的鍋巴，美味、實惠，還能滿足內心那個長不大的小孩。

● 材料 ●

剩米飯	200克
黑芝麻	1大匙

● 配料 ●

鹽	1小匙
花生油	1大匙
孜然粉（或五香粉、辣椒粉、咖哩粉、黑胡椒粉）	適量

TIPS

還可用小米蒸成的小米飯來製作，就是小時候人人都愛吃的小米鍋巴。

鍋巴
解嘴饞的小點心

🕐 烹飪時間　2小時

🔥 難易程度　中等

1 剩米飯放入大碗中，加入黑芝麻、鹽和花生油。

2 用刮刀將調味料和米飯拌勻。

3 將拌好的米飯放入大號的保鮮袋中。

4 用擀麵棍擀平，越薄越好。

5 放入烤盤中，置於冷凍室半小時。

6 從冰箱中取出，小心剪開保鮮袋，將米飯餅放在砧板上，用披薩刀劃成小塊。移到鋪有烘焙紙的烤盤上。

7 在切好的米飯片上撒上適量喜歡的調味粉。將烤箱預熱至150℃。放入烤箱中層，烤30～40分鐘，熄火後建議留在烤箱內，利用餘溫烤乾所有水分。徹底冷卻後即可變得非常香脆。

焗馬鈴薯泥

老少咸宜好滋味

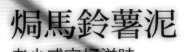

🕐 烹飪時間　45分鐘

🔥 難易程度　中等

● 特色 ●

馬鈴薯泥堪稱是男女老少通殺的一款美食，順滑、香濃、營養豐富。這款加了多種食材的馬鈴薯泥，不但營養價值高，在淡奶油和起司的輔助下，味道更是不得了，保證你一口接一口吃到停不下來！

● 材料 ●

馬鈴薯	500克
奶油	50克
淡奶油	100克
培根	4片
冷凍青豆	100克
莫札瑞拉起司絲	100克

營養說明

馬鈴薯富含碳水化合物、蛋白質、維生素、膳食纖維等人體必需的營養元素，既可做為主食，又可做為蔬菜食用。但需注意，發芽的馬鈴薯含有有毒的龍葵鹼，不宜食用。

TIPS

• 如果買不到莫札瑞拉起司絲，可購買整塊的莫札瑞拉起司，用擦絲器擦成細絲即可。
• 馬鈴薯的品種不同，吸水程度也不同。所以步驟5加入淡奶油時一定要把握好份量，調整成合適的狀態即可。
• 如果沒有淡奶油，可用牛奶來代替。

● 配料 ●

| 鹽 | 1小匙 |
| 現磨黑胡椒 | 適量 |

1 馬鈴薯洗淨去皮，整顆放入小鍋中，加入淹過馬鈴薯的清水，大火燒開後轉小火。

2 煮至用筷子可輕易插透的狀態，即為熟透。

3 撈出馬鈴薯瀝乾水分，用壓泥器或漏勺壓成泥。

4 趁熱加入鹽、現磨黑胡椒和奶油，用刮刀攪拌至奶油完全融化、吸收。

5 淡奶油用小火加熱至50℃左右，緩緩加入馬鈴薯泥中，邊倒邊攪拌，直至成為軟霜淇淋的硬度。

6 冷凍青豆洗去冰屑，瀝乾水分；培根切成1公分的小塊；加入步驟5的馬鈴薯泥中拌勻；烤箱預熱至220℃。

7 將步驟6拌好的馬鈴薯泥裝入陶瓷烤碗或耐熱玻璃烤盤中，撒上莫札瑞拉起司絲。

8 放入烤箱中層，烘烤20分鐘至表面的起司完全融化變成金黃色即可。

辣烤五花肉年糕
酸辣香濃超過癮

🕐 烹飪時間　50分鐘
🔥 難易程度　中等

● 特色 ●

喜歡韓國料理的爽辣香濃？再也不用專門跑去韓國料理店啦！在家也能吃個過癮！

● 材料 ●

| 韓式年糕條 | 250克 | 帶皮豬五花肉 | |
| 白菜 | 200克 | | 100克 |

● 配料 ●

料理米酒	1大匙	番茄醬	2大匙
大蒜	2瓣	去皮白芝麻（熟）	
韓式辣醬	2大匙		1大匙
白砂糖	1小匙		

TIPS

年糕根據產地不同、品牌不同，吸水程度均有差異，步驟4煮年糕時注意邊攪拌邊觀察，防止沾黏，煮至柔軟即可。

1 將豬五花肉洗淨，切成薄片，倒入料理米酒，醃漬備用。

2 大白菜洗淨，瀝去水分，撕成小塊。

3 年糕條切成薄片。

4 燒一鍋開水，放入年糕片，中火煮約10分鐘。

5 大蒜去皮，用壓蒜器壓成蒜蓉。

6 取2大匙韓式辣醬、番茄醬，加入蒜蓉片、大白菜，放入烤盤，烤箱預熱至200℃。

7 將年糕片、五花肉和白砂糖，調勻備用；倒入步驟6調好的醬料，拌勻，放入烤箱中層，烘烤20分鐘。

8 出爐後放置於隔熱墊上，撒上1湯匙去皮白芝麻即可。

義式千層麵
七個世紀的美食傳說

⏱ 烹飪時間　1小時20分鐘
🔥 難易程度　高

● 特色 ●

這款美食迄今已流傳了七個世紀之久，美味盛名卻絲毫不減。

● 材料 ●

義式千層麵皮	250克
牛肉末	250克
番茄	2個
洋蔥	1個
麵粉、奶油	各25克
牛奶	200毫升
切達黃起司片	10片
莫札瑞拉起司絲	
	200克

● 配料 ●

橄欖油	3大匙
鹽	適量
現磨黑胡椒	適量
白砂糖	1/2大匙
豆蔻粉	1/4小匙
起司粉	1小匙
紅酒	20毫升

TIPS

義式千層麵的切面非常漂亮，建議用烤箱專用的耐高溫玻璃烤盤來製作。

1 奶油放入小鍋中，小火加熱至融化，倒入麵粉，攪拌均勻至沒有乾粉。

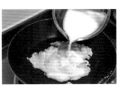

2 一邊用刮刀攪拌，一邊緩緩倒入牛奶，每次都要全部混勻才能繼續添加。用手動打蛋器攪拌至濃稠的酸奶狀即可。

3 按個人口味加入少許鹽、現磨黑胡椒、豆蔻粉和起司粉調味，即為白醬。蓋上鍋蓋或保鮮膜，關火放涼。

4 另燒一鍋開水，加入少許鹽，放入義式千層麵皮，按包裝指示的時間煮熟，撈出，放入冷的純水中備用。

5 洋蔥去皮洗淨切去根部，放入切碎機切成碎粒；番茄去蒂洗淨，切成小塊；切達起司去除包裝備用。

6 鍋中放油燒熱，倒入牛肉末大火翻炒1分鐘，加入番茄、鹽、白砂糖，翻炒2分鐘，加洋蔥粒、紅酒，大火翻炒1分鐘後轉中火收汁。

7 烤盤底部刷一層橄欖油，烤箱預熱至220℃；按照順序鋪好食材：麵皮＋肉醬＋切達起司片＋麵皮＋白醬＋麵皮＋肉醬＋切達起司片＋麵皮＋肉醬。

8 於最上層撒上莫札瑞拉起司絲。放入烤箱中層，烘烤30分鐘至表面起司融化變成金黃色即可。

義大利迷迭香佛卡夏

沐浴在托斯卡納豔陽下

🕐 烹飪時間　1小時30分鐘

🔥 難易程度　中等

● 特色 ●

這是一款充滿橄欖和迷迭香的義大利傳統風味主食，製作簡單，味道卻令人驚豔。想以西餐宴請客人時，端出這樣一份主食，一定會讓人印象深刻。

● 材料 ●

高筋麵粉	350克
水	210毫升
橄欖油	30克
無核黑橄欖	6顆
聖女番茄	18顆
新鮮迷迭香	3根

● 配料 ●

酵母粉	6克
鹽	1小匙
白砂糖	1大匙
橄欖油	少許

營養說明

迷迭香具有鎮靜、安神、醒腦的作用，對消化不良和胃痛均有一定療效，具有強壯心臟、促進代謝、促進末梢血液循環等作用，還可增強注意力、強化肝臟功能、降低血糖，有助於動脈硬化的治療。

TIPS

新鮮的迷迭香是義大利佛卡夏的靈魂，如果實在買不到，可以選用乾燥的迷迭香或百里香來代替。

1 水加熱至35℃左右，倒入酵母粉，攪拌均勻。

2 將高筋麵粉放入盆中，加入鹽、白砂糖拌勻，然後倒入步驟1的酵母水，用筷子迅速攪拌，使麵粉呈絮狀。

3 加入30克橄欖油，揉成光滑的麵糰，蓋上保鮮膜，進行第一次發酵。

4 待麵糰發酵至2倍大小，用手指輕戳有洞，不塌陷、不回縮，即為完美的發酵狀態。

5 在烤盤上刷一層橄欖油，將麵糰倒入烤盤內，用手指把麵糰壓滿烤盤。

6 聖女番茄去蒂洗淨，對半切開；迷迭香洗淨，用廚房紙巾吸乾水分；無核黑橄欖每一顆切成3個橄欖圈。

7 將聖女番茄和黑橄欖圈交替擺放在麵糰上，撒上迷迭香，覆上保鮮膜，進行第二次發酵（約40分鐘）。

8 烤箱預熱至200℃，在發酵好的佛卡夏坯上用刷子刷一些橄欖油，送入烤箱中層，烘烤25分鐘，至表面呈金黃色即可。

牧羊人派
並不悠久，卻很美味

烹飪時間　1小時10分鐘
難易程度　中等

● 特色 ●

看名字覺得至少有幾百年歷史的牧羊人派，其實
還不到200年的歷史，它是在茅屋派的基礎上發展
而來。在英國，只有羊肉餡做的才可叫做牧羊人
派，其餘還是得叫老名字：茅屋派。

● 材料 ●

馬鈴薯	300克
羊肉末	250克
洋蔥	1個
番茄	2個
奶油	20克
牛奶	30克

營養說明

番茄營養價值非常豐富，生吃可補充維生素C，熟食可補充抗氧化劑。它含有的「番茄紅素」有抑製細菌的作用；蘋果酸、檸檬酸和糖類，有助消化的功能；而果酸能降低膽固醇的含量，對高血脂症很有益處。

TIPS

- 製作牧羊人派的最佳容器為瓷製烤盤，厚度應不超過10公分。
- 肉餡可根據自己的口味選擇，豬肉、牛肉、羊肉均可。
- 如果想要口感更加細緻，可先用開水將番茄汆燙一下去皮。
- 如果買不到綜合香草，可加一些乾燥的百里香來代替。不放香草會少一些風味，但是對整體口感影響不大。

● 配料 ●

橄欖油	3大匙	紅酒	10毫升（可選）
鹽、現磨黑胡椒	各適量	綜合香草	1小撮（可選）
大蒜	3瓣	番茄醬	1大匙（可選）

1 番茄去蒂洗淨，切成小塊；洋蔥去皮去根，切成碎粒；大蒜去皮，壓成蒜泥。

2 炒鍋燒熱，加入3湯匙橄欖油，放入蒜泥爆香。

3 放入羊肉末，大火翻炒1分鐘，加入番茄、鹽和現磨黑胡椒，翻炒後加入洋蔥粒。

4 倒入紅酒、綜合香草和番茄醬，轉小火將肉醬炒至基本收乾汁水，關火備用。

5 馬鈴薯洗淨去皮，放入水中煮至用筷子可輕易插透。

6 將煮好的馬鈴薯瀝乾水分，壓成馬鈴薯泥。

7 趁熱加入奶油，攪拌至奶油完全吸收融化；加入少許鹽和現磨黑胡椒，緩緩加入牛奶，攪拌均勻；烤箱預熱至200℃。

8 將肉醬平鋪在容器底部，上面放上馬鈴薯泥，覆蓋肉醬後用叉子劃出明顯的條紋，放入烤箱中層，烘烤30分鐘至馬鈴薯泥略微變成金黃色即可。

起司焗飯
一個人的盛宴，一群人的狂歡

🕐 烹飪時間　35分鐘

🔥 難易程度　簡單

● 特色 ●

剩米飯搭配冷凍蔬菜粒、培根、起司這些方便購買和儲存的食材，轉眼就能變成一份美味香濃可拉絲的起司焗飯，一個人也好，一群人也罷，都能吃得盡興。

營養說明

很多人在減肥時會戒斷所有主食（碳水化合物），雖然能減少一定的熱量攝取，但是對健康極為不利。米飯飽腹感很強，同時熱量相對較低，除了地瓜粉，它還富含蛋白質、B群維生素、y－穀維素、原花青素等營養物質，有補中益氣、健脾和胃、滋陰潤肺、除煩渴的作用。

TIPS

如果買不到莫札瑞拉起司，可用市售切達起司片來代替。

● 材料 ●

米飯	300克
蝦仁	100克
冷凍青豆	100克
冷凍玉米粒	100克
培根	2片
莫札瑞拉起司絲	150克

● 配料 ●

鹽	少許
橄欖油	1大匙
現磨黑胡椒	適量

1 蝦仁洗淨，挑去蝦線。

2 燒一鍋開水，加少許鹽，將蝦仁、冷凍青豆和冷凍玉米粒放入開水中汆燙至蝦仁變色後撈出，瀝乾水分備用。

3 培根切成1公分見方的小塊，放入炒鍋中炒熟，加適量的現磨黑胡椒。

4 米飯放入盆中，加少許鹽和1大匙橄欖油，攪拌均勻。

5 加入燙好的蝦仁、青豆、玉米粒以及炒好的培根，用筷子拌勻。烤箱預熱至210℃。

6 將拌好的米飯放入玻璃烤盤中，撒上莫札瑞拉起司絲，送入烤箱中層烘烤20分鐘，至起司融化變成淡淡的金黃色即可。

起司肉醬焗義大利麵

讓義大利麵來得更加香濃吧！

🕐 烹飪時間　50分鐘
🔥 難易程度　中等

● **特色** ●

如果你每次吃義大利麵都覺得不夠過癮，還必
須加點菜，那麼這款義大利麵最適合你：它在
傳統義大利麵的基礎上，加入香濃的起司，高
溫焗烤，每一口吃下都是滿足感！

● 材料 ●

義大利麵	125克
牛肉末	150克
洋蔥	半個
番茄	1個
莫札瑞拉起司	100克

● 配料 ●

橄欖油	1小匙＋2大匙
大蒜	2瓣
鹽	少許
白砂糖	1/2大匙
現磨黑胡椒	適量

營養說明

大蒜在西餐醬料中有著不可替代的提味功效，同時，大蒜中的某些活性物質具有一定的殺菌作用，大蒜中的含硫化合物和含硒化合物對防癌也有一定的積極效果。

TIPS

根據義大利麵品牌和型號的不同，烹煮時間也有所差異，請仔細閱讀包裝上的時間指示再操作。

1 燒一小鍋開水，加入1小匙橄欖油和少許鹽。

2 放入義大利麵，按照包裝指示的時間煮熟。

3 撈出義大利麵，放入冷水中浸泡備用。

4 洋蔥去皮去根，切成碎粒；番茄去蒂洗淨，切成小塊；大蒜去皮，壓成蒜泥。

5 炒鍋燒熱，放入2湯匙橄欖油，加入蒜泥爆香。

6 放入牛肉末，大火翻炒1分鐘，加入番茄、鹽、白砂糖、現磨黑胡椒，翻炒1分鐘後加入洋蔥粒。

7 轉小火將肉醬炒至基本收乾汁水，關火備用；烤箱預熱至180℃。

8 將煮好的義大利麵與炒好的肉醬拌勻，放入玻璃烤盤內，在頂端撒上莫札瑞拉起司絲，放入烤箱中層烘烤15分鐘，至表面的起司融化變成淡淡的金黃色即可。

Part 5

香甜烤點心

Snacks & Sweets

肉桂蘋果
蘋果吃出歐洲風味

🕐 烹飪時間　50分鐘
🔥 難易程度　中等

● 特色 ●

經過焗烤，蘋果變得柔軟，酸甜滋味更加突出，而肉桂粉則是它的黃金搭檔。這一香料數百年前便被歐洲人用在了蘋果上，真可謂神來之筆，聞過蘋果肉桂融合的香氣，才能體會到什麼叫做真正的香甜。

營養說明

肉桂粉是由肉桂的乾皮和枝皮製成的粉末，原產於印度、錫蘭一帶，具有散寒止痛、活血通經的功效。美國的一項研究表明，肉桂含有的某種成分能夠加速糖分的分解，糖尿病患者進食含肉桂粉的食物，有助於減輕病情。

TIPS

• 從底部去除果核，是因為蘋果上端向下放置更加穩當，所以千萬不要弄反。肉桂粉是烤蘋果的靈魂香料，一定不能省略。
• 蘋果品種很多，推薦使用紅富士蘋果，甜度較高，口感清脆。

● 材料 ●

蘋果　　　　　　2個

● 配料 ●

奶油　　　　　　30克
肉桂粉　　　　　1小匙
蘭姆酒　　　　　2大匙
白砂糖　　　　　2大匙

1 蘋果洗淨，拔掉蘋果蒂。

2 用去核器從尾部去除果核。

3 注意不要穿透蘋果，保留頂端部分的完整。

4 烤箱預熱至180℃；在掏好的蘋果內部各放1大匙白砂糖和1/2小匙肉桂粉。

5 奶油切成細小的豎條，塞進蘋果內部。

6 分別淋上1大匙蘭姆酒。

7 烤箱預熱至180℃，烤盤包裹錫箔紙。

8 將蘋果放在烤盤上，置於烤箱中下層，依據蘋果大小，烘烤30～40分鐘即可。

快手蘋果派

歐洲外婆們的拿手甜品

🕐 烹飪時間　60分鐘

🔥 難易程度　簡單

● 特色 ●

一張派皮，兩個蘋
果，一點奶油，當孩
子們熱熱鬧鬧造訪的
時候，歐美的外婆們
最常端出的就是這道
快手蘋果派，不需要
費時費力，賣相與味
道卻是一流，一大家
人一起分享的，不單
單是食物的甜蜜，更
是團聚時刻的幸福。

營養說明

蘋果中營養成分可溶
性大，易被人體吸
收，故有「活水」之
稱，吃較多蘋果的人
遠比不吃或少吃蘋果
的人感冒機率要低。
所以，有科學家和醫
生把蘋果稱為「全方
位的健康水果」或稱
為「全科醫生」。

TIPS

如果買不到大張圓
形的千層酥皮，可
改用小的派盤，甚
至是蛋撻模，用國
內較為常見的方形
酥皮來製作小號的
蘋果派。

● 材料 ●

圓形千層派皮	1大張
蘋果	2個

● 配料 ●

淡奶油	200毫升
奶油乳酪	100克
白砂糖	3大匙
奶油	10克
肉桂粉	1小匙

1 千層酥皮從冰箱取出，室溫下解凍。

2 蘋果洗淨，用去核器去除蘋果蒂和果核。

3 蘋果對半切開，再切成約0.2公分厚的蘋果片。

4 淡奶油隔水加熱，將奶油乳酪切小塊放入，加入白砂糖，攪拌至完全融化。

5 奶油放入小碗，微波爐加熱30秒使之融化，用毛刷抹在派盤上。

6 將派皮攤在派盤內，用手輔助令邊緣豎起。

7 烤箱預熱至180℃；將蘋果片整齊地擺放在派皮上，淋上步驟4融化的奶油。

8 均勻地撒上少許肉桂粉，送入烤箱中層，烘烤35分鐘。取出放涼後即可切塊食用。

巧克力乳酪香蕉

熱量再高也不願錯過

🕐 烹飪時間　50分鐘
🔥 難易程度　簡單

● 特色 ●

香蕉綿綿軟軟，直接
吃就非常香甜，經過
高溫烘烤，更擁有了
奶油般的香滑口感。
再以奶油滋潤、乳酪
提味，淋上充滿誘惑
的巧克力醬，撒上美
美的杏仁片，就算它
熱量再高，也是一枚
讓人無法拒絕的甜蜜
炸彈。

● 材料 ●

香蕉	2根
巧克力醬	適量

● 配料 ●

奶油	15克
奶油乳酪	50克
杏仁片	適量

1 烤箱預熱至200℃；烤盤
包裹好錫箔紙；香蕉去皮，
擺放在烤盤上。

2 奶油放入小碗，微波爐加
熱30秒使之融化。

3 用毛刷沾取奶油，刷在香
蕉表面。

4 送入烤箱中層，烘烤20分
鐘；取出翻面，再刷一層奶
油，放回烤箱續烤15分鐘。

5 奶油乳酪切成細條。

6 取出烤盤，在香蕉上劃一
刀，不要劃透。

7 將起司填入香蕉中，繼
續放回烤箱中層，烘烤5分
鐘，至起司融化。

8 在烤好的起司香蕉上淋上
巧克力醬，撒上杏仁片做為
點綴即可。

簡易香蕉蛋糕
成功率百分百

🕐 烹飪時間　50分鐘

🔥 難易程度　簡單

● 特色 ●

當你初入烘焙大門，烤蛋糕時總是遭遇硬邦邦發不起來的失敗時不要氣餒，試試這款香蕉蛋糕吧，只要按照步驟一步步操作，絕無失敗的可能，味道還超級棒！

TIPS

倒入麵粉後混合蛋糕糊時切忌劃圈攪拌，應用切拌的方式，才能避免麵粉出筋，從而保持鬆軟的蛋糕口感。

● 材料 ●

香蕉	1大根
低筋麵粉	120克
雞蛋	1個
白砂糖	25克

● 配料 ●

奶油	60克
煉乳	35克
泡打粉	1茶匙

1 香蕉去皮，壓成泥。

2 奶油放入小碗中，微波爐加熱1分鐘使之完全融化。

3 在香蕉泥中打入雞蛋，加入煉乳和白砂糖，用刮刀攪拌均勻。

4 加入融化的奶油，攪拌成糊狀。

5 低筋麵粉和泡打粉混合，篩入香蕉糊中。

6 用刮刀輕柔地攪拌均勻。

7 烤箱預熱至160℃，將蛋糕糊倒入不沾模具中。

8 烤箱中層，烘烤40分鐘即可。

雞蛋吐司葡萄布丁

剩餘吐司的華麗轉身

🕐 烹飪時間　30分鐘

🔥 難易程度　簡單

● 特色 ●

吐司是歐美國家最常見的主食，一大袋吐司未必能及時消化完，剩餘的幾片就被發明出這種美味的做法加入香甜的蛋液，搭配一顆顆甜蜜的葡萄乾，沒什麼味道的吐司立刻變身成華麗的餐後甜點，簡單又香濃！

TIPS
————

如果沒有香草莢，也可用幾滴香草精華來代替。香草精華並非人造香精，而是烈酒＋香草豆莢浸泡出來的天然香精，可放心使用。

● 材料 ●

白吐司	4片
葡萄乾	30克
雞蛋	3個

● 配料 ●

細砂糖	3大匙
淡奶油	200毫升
奶油	10克
香草莢	1根
蘭姆酒	1大匙

1 將葡萄乾洗淨，用廚房紙巾吸乾水分，放入小碗中，加入朗姆酒，浸泡片刻。

2 吐司切成邊長約1.5公分的小塊。

3 奶油放入小碗，微波爐加熱30秒至完全融化；用毛刷將奶油刷在烤箱專用瓷碗的內側。

4 雞蛋打入碗中，用手動打蛋器打散，加入細砂糖、淡奶油，攪打均勻。

5 香草莢用小刀縱向剖開，用刀尖取出香草籽，放入蛋液內，攪拌均勻。

6 將切好的吐司塊放入香草蛋奶液中，使其充分吸收。

7 烤箱預熱至180℃；將拌好的蛋奶吐司倒入瓷碗中。

8 撒上醃漬好的葡萄乾，放入烤箱中層烘烤25分鐘，至表面金黃即可。

紅酒銀耳烤雪梨

養生有新意

🕐 烹飪時間　2小時

🔥 難易程度　中等

● 特色 ●

雪梨滋補養顏的功效
是世界公認的：中國
有銀耳燉雪梨，法國
有紅酒烤雪梨。為什
麼不試著把這兩道名
菜合二為一呢？紅酒
和梨汁滋潤著銀耳，
用錫箔紙細細包裹，
打開的一剎那，甜美
滋味撲鼻而來。

營養說明

銀耳補脾開胃、益氣
清腸、滋陰潤肺，能
增強人體免疫力，
又可增強腫瘤患者對
放化療的耐受力。銀
耳富含天然植物性膠
質，是非常好的潤膚
食品。

TIPS

除銀耳之外，也可
放入紅棗、川貝、
發好的燕窩等食
材，沒有紅酒可用
清水代替。

● 材料 ●

雪梨	2個
銀耳	1/4朵
紅酒	50毫升

● 配料 ●

| 冰糖 | 2顆 |

1 將乾銀耳提前1小時用清
水泡發。

2 剪去發黃的銀耳根部，撕
成小塊，瀝乾水分備用。

3 雪梨洗淨，從蒂頭向下2
公分處橫切一刀。

4 用小刀或湯匙將梨核和部
分梨肉掏出，預留足夠大的
空間。

5 烤箱預熱至230℃；在梨
身內各裝入1顆冰糖，擺放
上銀耳。

6 倒入紅酒，不滿的部分添
加適量清水。

7 蓋上梨蓋，小心地用錫箔
紙將整顆梨包裹起來，露出
梨蒂。

8 放入烤箱中層，烘烤1小
時即可。

起司焗番薯

甜蜜香濃擋不住

🕐 烹飪時間　**40分鐘**

🔥 難易程度　**中等**

● 特色 ●

烤番薯人人都愛，哪怕嚐遍山珍海味，當街邊烤番薯的小販推著車經過時，也忍不住深吸兩口那充滿甜蜜的氣味。現在有了烤箱，想吃烤番薯，隨時就有，再加上起司的濃鬱，番薯的美味瞬間加倍。

● 材料 ●

| 紅心番薯（大） | 1個 |
| 奶油乳酪 | 50克 |

● 配料 ●

奶油	10克
煉乳	25毫升
淡奶油	25毫升
雞蛋	1個

營養說明

《本草綱目》記載：「番薯具有補虛乏、益氣力、健脾胃、強腎陽之功效」。番薯含有豐富的維生素C、維生素E及鉀元素，其中維生素C能明顯增強人體對感冒等多種病毒的抵抗力；維生素E則能延緩衰老；鉀元素能有效預防高血壓、中風和心血管病的發生。

TIPS

如果烤箱是上下火不可分控式，最後一步將烤盤移至烤箱上層即可。

1 番薯洗淨，用打濕的餐巾紙包好，放入微波爐中，高火轉5分鐘。

2 將熟透的番薯縱向剖開；用湯匙將番薯肉掏出，皮留0.5公分，不要全部掏出。挖出的番薯泥放入小盆中。

3 淡奶油與煉乳混合，隔水加熱。

4 奶油乳酪切成小塊，與奶油一起放進步驟3的奶液中，攪拌至全部化開。

5 將番薯泥加入步驟4中，攪拌均勻。

6 烤箱預熱至180℃，烤盤包裹錫箔紙；將拌好的起司番薯泥裝回番薯皮中。

7 雞蛋僅取蛋黃部分，打勻後刷在番薯上。放入烤箱中層烘烤15分鐘。

8 將烤箱調整至僅開上火，繼續烘烤5分鐘即可。

巧克力棉花糖吐司
快手美味又吸睛

🕐 烹飪時間　15分鐘
🔥 難易程度　簡單

● 特色 ●

想做一份甜品，不要太複雜，不要太奢侈，外觀漂亮又好吃。那麼這款甜品吐司簡直就是為此而生！簡單的原料，少少的步驟，超短的時間，宴客或解饞一次搞定。

● 材料 ●

吐司	2片
棉花糖	50克
巧克力醬	適量

● 配料 ●

花生醬	2大匙
彩色食用糖珠	適量

營養說明

不要小看一片小小的吐司，它雖然沒什麼味道，卻是很多美食最好的陪襯。此外，由於酵母菌的功勞，它非常容易消化，其中含有的蛋白質、碳水化合物、維生素及微量元素等極易被人體所吸收。

1 烤箱預熱至180℃；準備吐司兩片，分別放上1大匙花生醬。

2 用抹刀將花生醬均勻塗抹在吐司上。

3 將棉花糖整齊擺放在吐司上。

4 放入烤箱中層，烘烤5～10分鐘，注意觀察棉花糖表面，略呈金黃色即可取出。

5 趁熱淋上巧克力醬。

6 點綴彩色的食用糖珠即可。

TIPS

花生醬分柔滑型與顆粒型兩種，本食譜推薦使用柔滑型，與整體口感更協調。

蜜桃蛋撻
足料又實惠，一次吃過癮

🕐 烹飪時間　**30分鐘**
🔥 難易程度　**簡單**

● 特色 ●

酥酥的撻皮、嫩滑的蛋液及香甜的蜜桃，搭配在一起，真是美味無比。與其在外面買，不如在家自製，豪邁地放上大塊的蜜桃，烤上一大盤，和親朋好友一起過足癮吧！

● 材料 ●

罐頭蜜桃	3塊
蛋撻皮	8個
蛋黃	2顆
牛奶	50毫升
淡奶油	100毫升

● 配料 ●

白砂糖	2大匙
煉乳	1小匙

營養說明

雞蛋的胺基酸比例很符合人體生理需要，容易為身體吸收，利用率高達98％以上，同時還富含維生素、蛋胺酸、卵磷脂、微量元素等，是物美價廉的營養品。

TIPS

- 將蜜桃替換成蜜紅豆即可做成紅豆蛋撻；或在烤好的原味蛋撻上擺放上新鮮的當季水果也非常誘人。
- 保持蛋撻細嫩的祕訣之一就是攪打蛋奶液時一定要輕柔，避免過多的空氣進入。

1 蛋撻皮提前從冷凍室拿出解凍；蜜桃從罐頭中撈出，瀝乾，切成小塊備用。

2 在鍋中加入牛奶、淡奶油、白砂糖和煉乳。

3 小火加熱的同時，用手動打蛋器輕柔地貼底攪拌，直至白砂糖完全化開即可，無需沸騰，再關火放涼。

4 雞蛋僅取蛋黃，待步驟3的奶液放涼至不燙手時，將蛋黃加入，依舊用手動打蛋器輕柔地貼底攪拌，直至蛋黃和奶液完全融合。

5 將烤箱預熱至220℃；蛋撻皮擺放在烤盤內。

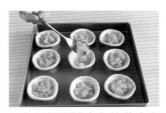

6 在每個蛋撻皮內放幾塊蜜桃。

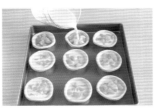

7 將蛋撻液倒入蛋撻皮，不要超過八成滿。

8 送入烤箱中層，烤15～20分鐘，至蛋撻表皮有輕微褐色小點即可。

杏仁瓦片

法國大廚的精緻小點

🕐 烹飪時間　**2小時**

🔥 難易程度　中等

● 特色 ●

僅用蛋白打發加少許麵粉做為餅身，搭配大量杏仁片製成的杏仁瓦片，是一道非常具有代表性的法式甜品，雖然製作並不複雜，但諸多細節的掌控也頗為重要，成品金黃酥脆，杏仁香濃，餅身入口即化，一塊接一塊，讓人停不了口。

● 材料 ●

蛋白	60克
杏仁片	200克

● 配料 ●

奶油	20克
香草精	幾滴
低筋麵粉	15克
白砂糖	3大匙

營養說明

杏仁含有蛋白質、維生素E、胡蘿蔔素、苦杏仁苷，以及油酸和亞油酸等不飽和脂肪酸。其中不飽和脂肪酸有益於心臟健康；苦杏仁苷有防癌抗癌的作用。中醫認為，杏仁可止咳平喘、潤腸通便。

TIPS

- 步驟8，對口感並沒有影響，所以可略過不做，保持平整狀態，放涼後即可食用。
- 如果烤好的杏仁瓦片一次吃不完，一定要放入密封容器，最好再放兩包食品乾燥劑，最多可保存2週左右。

1 將蛋白打入碗中，加入白砂糖，滴入幾滴香草精，用橡皮刮刀攪拌均勻。

2 撒入杏仁片，繼續用刮刀從底部輕柔翻拌均勻，盡量避免壓碎杏仁片。

3 奶油放入微波爐加熱30秒至融化，倒入步驟2中，翻拌均勻，蓋上保鮮膜，靜置1小時。

4 低筋麵粉過篩，加入步驟3中，翻拌均勻，靜置30分鐘。

5 烤箱預熱至160℃，烤盤鋪好烘焙紙（光滑面朝上）。

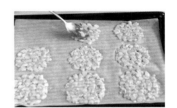

6 取1大匙杏仁瓦片放入烤盤，用勺背輔助攤平，越薄越好，間距保持2公分。

7 放入烤箱，根據上色情況烘烤12～15分鐘，至瓦片呈金黃即可。

8 取出的瓦片依然保持柔軟，用小鏟子輔助，鏟下後放在擀麵棍上，整形成薯片狀即可。

義式快手堅果酥

義式甜點超簡單

⏱ 烹飪時間　50分鐘

🔥 難易程度　簡單

哪怕再不擅烹飪的義大利人，讓他烤一份堅果酥也沒有任何難度。所以這是一道特別適合甜品新手的食譜，不需要任何技巧也能成功，讓人格外有成就感。

營養說明

燕麥富含膳食纖維，能促進腸胃蠕動，同時熱量低、升糖指數低，能夠降脂降糖。1997年美國食品及藥物管理局認定燕麥為功能性食物，具有降低膽固醇、平穩血糖的功效。

TIPS

• 烤好的堅果酥無需馬上從烤箱中取出，可利用餘溫繼續悶半小時左右，口感會更加酥脆。
• 將細砂糖替換為黑糖，會有另外一番風味，也更適合女生食用。

● 材料 ●

即食燕麥片	100克
混合堅果	100克

● 配料 ●

低筋麵粉	20克
奶油	50克
細砂糖	50克

1 奶油放入小碗中，微波爐加熱30秒左右至完全融化。

2 堅果放入切碎機，切成碎粒。

3 將堅果碎與燕麥片、細砂糖和低筋麵粉混合均勻。

4 倒入融化的奶油，翻拌均勻。

5 烤盤鋪上烘焙紙（光滑面朝上），用手將食材揉成鵪鶉蛋大小的小球，整齊擺放在烤盤內。

6 烤箱提前10分鐘預熱至160℃，將烤盤放入烤箱中層，烘烤30分鐘即可。

花生小酥餅
花生香濃，入口即溶

⊙ 烹飪時間　40分鐘
🔥 難易程度　中等

● 特色 ●

這款小餅乾，由於花生醬的加入，使得味道香濃
而不甜膩，以奶油打發的方式製作，雖然略微複
雜，但是口感特別好，蓬鬆酥脆，入口即溶。

● 材料 ●

顆粒型花生醬	50克
低筋麵粉	150克
奶油	110克
雞蛋	1個

● 配料 ●

細砂糖	80克
鹽	1小匙
蛋黃	1個
黑芝麻	少許

營養說明

花生醬雖然熱量稍高，但它含有豐富的蛋白質、維生素B群、維生素E及鈣、鐵等礦物質，具有健腦益智、促進骨骼發育、延緩衰老等功效。同時花生醬中所含有的色胺酸，還有助眠功效。

TIPS

如果想要更加濃郁的花生香味，可將烤熟的去皮花生仁碾碎，加入麵糊中一併烘烤。

1 奶油在20℃左右的室溫下軟化，直至用手指可輕易按出坑的軟度；再加入細砂糖和鹽，用刮刀稍微拌勻。

2 用電動打蛋器將奶油高速攪打2分鐘，至奶油變白、變輕盈蓬鬆。

3 加入花生醬，繼續攪打1分鐘。

4 將雞蛋打散，蛋液分3次加入奶油中，每次加入後都用電動打蛋器高速攪打1分鐘，至蛋液被奶油完全吸收。

5 低筋麵粉過篩，加入打發的奶油中。

6 用刮刀翻拌均勻至沒有乾粉。

7 烤箱預熱至160℃，烤盤鋪上烘焙紙；取鵪鶉蛋大小的一塊麵糊揉圓，再輕輕按壓成1公分厚的小圓餅，整齊擺放在烤盤內。

8 取1顆蛋黃打散，用毛刷沾取，刷在小餅上，撒上幾粒黑芝麻做點綴，放入烤箱中層，烘烤25分鐘至表面呈金黃色即可。

優格小饅頭

白白嫩嫩，營養滿分

🕐 烹飪時間　1小時30分鐘
🔥 難易程度　高

● 特色 ●

以蛋白、優格和奶粉為原材料製作的優格小饅頭，模樣小巧可愛，營養充足，入口即化，是最適合小寶寶們的輔食，做為成人的健康小零食也非常不錯喲！

● 材料 ●

蛋白	60克
優格	30克
奶粉	25克

● 配料 ●

細砂糖	10克
檸檬汁	幾滴
玉米粉	10克

營養說明

除了保留了鮮奶的全部營養成分外，優格中的乳酸菌還可維護腸道菌群生態平衡，減少某些致癌物質的產生，因而有防癌作用。

TIPS

- 優格小饅頭製作成功的關鍵就是蛋白的打發，一定要區別濕性發泡和乾性發泡。建議每隔半分鐘取出打蛋器觀察蛋白狀態，因為攪打過度也會使蛋白分子破裂，造成過度打發的狀態，最後只能丟棄。
- 烤好的優格小饅頭如果不能從烘焙布上輕易抖落，就是水分還未完全烤乾，可根據情況繼續烘烤15～20分鐘。

1 準備好不鏽鋼打蛋盆和電動打蛋器，必須保證無水無油的乾淨狀態。

2 優格放入小盆中，加入奶粉，用刮刀稍微拌勻即可，切忌過度攪拌使優格析出過多乳清。

3 蛋白放入打蛋盆中，加入幾滴檸檬汁，用電動打蛋器高速攪打。

4 分3次放入細砂糖：第一次是蛋白出現較多的大泡沫時；第二次是泡沫開始變得濃密時；第三次是蛋白開始出現紋路時。

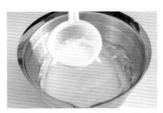

5 繼續攪打至濕性發泡時（提起打蛋器，蛋白呈現彎鉤狀態），篩入玉米粉，繼續攪打，直至乾性發泡：倒扣蛋盆，蛋白都不會流動。

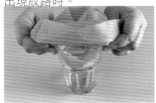

6 烤箱預熱至100℃，烤盤鋪好烘焙紙；取1個大號裱花袋，袋口剪出1公分直徑的開口，將裱花袋套在高杯上，邊緣翻出。

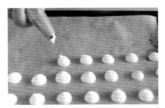

7 將打好的蛋白放入優格盆中，用刮刀輕柔地抄底翻拌，攪拌均勻後倒進裱花袋內。在烤盤上均勻地擠出小饅頭狀，間距保持在1公分。

8 放入烤箱中層，烘烤1小時左右，烤好後不要馬上取出，利用餘溫繼續悶烤，直至放涼再取出食用。

烤箱出好菜，
省時又省力！